浙江省园林绿化养护预算定额

（2018 版）

中 国 计 划 出 版 社

2020 北 京

图书在版编目（CIP）数据

浙江省园林绿化养护预算定额 ：2018版 / 浙江省建设工程造价管理总站主编. -- 北京 ：中国计划出版社，2020.10（2022.1重印）
ISBN 978-7-5182-1241-5

Ⅰ. ①浙… Ⅱ. ①浙… Ⅲ. ①园林－绿化－建筑预算定额－浙江 Ⅳ. ①TU986.3②TU723.34

中国版本图书馆CIP数据核字(2020)第183861号

浙江省园林绿化养护预算定额(2018 版)
浙江省建设工程造价管理总站　主编

中国计划出版社出版发行
网址：www. jhpress. com
地址：北京市西城区木樨地北里甲 11 号国宏大厦 C 座 3 层
邮政编码：100038　电话：（010）63906433（发行部）
三河富华印刷包装有限公司印刷

880mm×1230mm　1/16　11.25 印张　321 千字
2020 年 10 月第 1 版　2022 年 1 月第 4 次印刷
印数 2401—3400 册

ISBN 978-7-5182-1241-5
定价：65.00 元

主编单位：浙江省建设工程造价管理总站
批准部门：浙江省住房和城乡建设厅
浙江省发展和改革委员会
浙　江　省　财　政　厅
施行日期：二〇二〇年十月一日

浙江省园林绿化养护预算定额

（2018 版）

主编单位:浙江省建设工程造价管理总站
参编单位:杭州宋城集团控股有限公司
金华市建设工程招投标与造价管理站
金华市园林景观服务中心
宁波江南建设有限公司
临海宏州古建筑有限公司
杭州蓝天园林建设有限公司
金华市园林绿化有限公司
浙江中际工程项目管理有限公司

主　　编:田忠玉　张建坤
副 主 编:林　杰　盛艳婷　黄　权　薛　隽
参　　编:张　建　邓新萍　俞夏艳　沈　慧
顾　　问:王煜华　杨忠涛

软件生成:成都鹏业软件股份有限公司　杜彬
数据输入:杭州品茗安控信息技术股份有限公司　廖蓓蕾

审　核：浙江省建设工程计价依据（2018版）编制工作专家组

组　长：邓文华　浙江省建设工程造价管理总站站长

副组长：俞　晓　浙江省发展和改革委员会基本建设综合办公室副主任
马　勇　浙江省财政厅经济建设处副处长
戚程旭　浙江省住房和城乡建设厅建筑市场监管处副处长
周　易　浙江省住房和城乡建设厅计划财务处副处长
韩　英　浙江省建设工程造价管理总站副站长
汪亚峰　浙江省建设工程造价管理总站副站长
季　挺　浙江省建设工程造价管理总站副站长

成　员：李仲尧　浙江省公共资源交易中心主任
俞富桥　浙江省财政项目预算审核中心副主任
袁　旻　杭州市建设工程造价和投资管理办公室主任
傅立群　宁波市建设工程造价管理处处长
胡建明　浙江省建设工程造价管理总站副总工程师
田忠玉　浙江省建设工程造价管理总站定额管理室主任
蔡临申　浙江省建设工程造价管理总站造价信息室主任
毛红卫　浙江省建投集团投资与成本合约部总经理
单国良　歌山建设集团有限公司总裁助理
陈建华　万邦工程管理咨询有限公司总经理
黄志挺　建经投资咨询有限公司董事长
华钟鑫　浙江中达工程造价事务所有限公司董事长
蒋　磊　浙江耀信工程咨询有限公司董事长
史文军　原浙江省建工集团有限责任公司总经济师

审　定：浙江省建设工程计价依据（2018版）编制工作领导小组

组　长：项永丹　浙江省住房和城乡建设厅厅长

副组长：朱永斌　浙江省住房和城乡建设厅党组成员、浙江省建筑业管理总站站长
杜旭亮　浙江省发展和改革委员会副主任
邢自霞　浙江省财政厅副厅长

成　员：陈衡治　浙江省发展和改革委员会基本建设综合办公室主任
倪学军　浙江省财政厅经济建设处处长
宋炳坚　浙江省住房和城乡建设厅建筑市场监管处处长
施卫忠　浙江省住房和城乡建设厅计划财务处处长
邓文华　浙江省建设工程造价管理总站站长

浙江省住房和城乡建设厅　浙江省发展和改革委员会 浙江省财政厅关于颁发《浙江省工程建设其他费用定额(2018版)》等七部定额的通知

浙建建发〔2020〕16号

各市建委(建设局)、发展改革委、财政局：

为深化工程造价管理改革，完善工程计价依据体系，健全工程造价管理机制，根据省建设厅、省发展改革委、省财政厅联合印发的《关于组织编制〈浙江省建设工程计价依据(2018版)〉的通知》(建建发〔2017〕166号)要求，由省建设工程造价管理总站(省标准设计站)负责组织编制的《浙江省工程建设其他费用定额(2018版)》《浙江省房屋建筑与装饰工程概算定额(2018版)》《浙江省通用安装工程概算定额(2018版)》《浙江省市政工程概算定额(2018版)》《浙江省房屋建筑安装工程修缮预算定额(2018版)》《浙江省市政设施养护维修预算定额(2018版)》《浙江省园林绿化养护预算定额(2018版)》(以下简称“七部定额”)通过审定，现予颁发，并就有关事项通知如下，请一并贯彻执行。

一、2018版计价依据是指导投资估算、设计概算、施工图预算、招标控制价、投标报价的编制以及工程合同价约定、竣工结算办理、工程计价纠纷调解处理、工程造价鉴定等的依据。规费取费标准是投资概算和招标控制价的编制依据，投标人根据国家法律、法规及自身缴纳规费的实际情况，自主确定其投标费率，但在规费政策平稳过渡期内不得低于标准费率的30%。当政策发生变化时，再另行发文规定。

二、七部定额自2020年10月1日起施行。《浙江省建筑工程概算定额(2010版)》《浙江省安装工程概算定额(2010版)》《浙江省市政设施养护维修定额(2003版)》《浙江省工程建设其他费用定额(2010版)》同时停止使用。

三、凡2020年9月30日前签订工程发承包合同的项目，或工程发承包合同在2020年10月1日后签订但工程开标在2020年9月30日前完成的项目，除工程合同或招标文件有特别约定外，仍按原“计价依据”规定执行。涉及后续人工费动态调整的，统一采用人工综合价格指数进行调整。

四、各级建设、发展改革、财政等部门要高度重视2018版计价依据的贯彻实施工作，造价管理机构要加强检查指导，确保2018版计价依据的正确执行。

2018版计价依据由省建设工程造价管理总站（省标准设计站）负责解释与管理。

浙江省住房和城乡建设厅
浙江省发展和改革委员会
浙 江 省 财 政 厅
2020年5月29日

总 说 明

一、《浙江省园林绿化养护预算定额》(2018 版)(以下简称“本定额”)是根据浙江省住建厅、发改委、财政厅联合印发的《关于组织编制〈浙江省建设工程计价依据(2018 版)〉的通知》(建建发〔2017〕166 号)的要求,依据国家标准及有关部门发布的行业规范、标准、规程,结合本省的实际情况编制的。

二、本定额适用于浙江省行政区域内的园林绿化养护工程。

三、本定额是依据正常的施工条件,合格的产品和材料,大多数施工企业采用的施工方法、机械配置和合理的劳动组织为基础编制的。本定额反映的是浙江省园林绿化养护工程的社会平均消耗量水平,本定额是完成定额项目规定工作内容每计量单位所需的人工、材料、施工机械的消耗量标准。本定额所列的工作内容仅对主要工序做了说明,次要工序虽未说明但已包括在项目工作内容中。

四、本定额是编制园林绿化养护招标控制价的依据,是园林绿化养护投标报价及园林绿化养护合同约定、办理结算、计价争议调解和造价鉴定等的参考依据。园林绿化养护平方米单价仅供相关部门编制预算计划及园林绿化养护企业快速报价时参考。

五、本定额内容包括绿地养护,其他绿化养护,建筑、小品维护,设备、设施维护,保障措施项目及园林绿化养护平方米单价六方面内容;其中绿地养护按照养护标准划分为一级绿地养护、二级绿地养护及三级绿地养护,其他绿化养护章中除行道树按养护标准分为一级、二级、三级外,其他项目不分养护等级。养护标准详见本定额附录一。

六、本定额未包括的项目,可按浙江省其他相应工程计价定额计算,如仍有缺项的,可按相关要求编制一次性补充定额。

七、本定额园林绿化养护是指保存期的养护,园林绿化成活期的养护费按《浙江省园林绿化及仿古建筑工程预算定额》(2018 版)相应规定计算。

保存期养护是指过成活期后的养护。

园林绿化养护要求苗木保存率 100%(除不可预见因素外)。古树名木的保存视生长情况,另行约定。

八、本定额除项目有特别注明者外,均为一年的养护费用。

九、本定额的人工消耗量是以《建设工程劳动定额　园林绿化工程》LD/T 75.1 – 3 – 2008 为基础,结合园林绿化养护工程的特点及本省的实际情况编制的。定额每工日按 8h 工时制考虑。定额中的人工消耗量包括基本用工、超运距用工、辅助用工和人工幅度差在内的人工消耗量。绿地养护及其他绿化养护、保障措施项目等的日工资单价按一类人工 125 元计算,古典建筑维护的日工资单价按三类人工 155 元计算,其他工程的日工资单价均按二类人工 135 元计算。

十、有关材料、成品、半成品的说明:

1. 本定额中的材料、设备、成品、半成品是按合格产品考虑的。

2. 本定额中的材料消耗量包括净用量和损耗量。损耗是指材料场内运输损耗及施工操作损耗。

3. 材料价格包括市场供应价、运杂费、运输损耗及采购保管费。

4. 材料、成品及半成品的场内水平运输(从工地仓库、现场堆放地点或现场加工地点至操作地点)除定额另有规定者外,均已包括在相应定额内,垂直运输另行计算。

5. 本定额中的周转性材料,根据不同施工方法、材质,按相应的摊销量编制。

6. 本定额中砂浆以现拌砂浆编制,实际采用预拌(干混或湿拌)砂浆的,按以下方法调整定额:

(1)使用干混砂浆的,除将现拌砂浆单价换算为干混砂浆单价外,灰浆搅拌机换成干混砂浆罐式搅拌机,台班数量不变;相应定额中每立方米砂浆扣除人工 0.195 工日。

(2)使用湿拌砂浆的,除将现拌砂浆单价换算为湿拌砂浆单价外,扣除灰浆搅拌机台班数量;相应定额中每立方米砂浆扣除人工 0.45 工日。

7. 本定额中混凝土以现场浇捣编制,实际采用非泵送商品混凝土浇捣时,除现浇混凝土单价换算外,扣除相应定额中的搅拌机台班数量,每立方米混凝土扣除人工 0.15 工日。

8. 本定额的砂浆、混凝土强度等级配合比换算参考《浙江省园林绿化及仿古建筑工程预算定额》(2018 版)附录一执行。

9. 本定额中所列材料均为主要材料,其他用量少、价值低、易损耗的零星材料已包括在其他材料费中。

十一、有关机械的说明:

1. 本定额中的机械按常规施工方法,结合施工实际情况综合取定。

2. 不构成固定资产的小型施工机械作为工器具,未列入机械台班消耗量内。

3. 本定额机械台班单价按《浙江省建设工程施工机械台班费用定额》(2018 版)计算,每一台班按 8h 工时制考虑。

十二、立体绿化的养护费用依据本定额第四章"其他绿化养护"相关规定计算。立体绿化养护定额项目分为两大类,即屋顶绿化项目和垂直绿化项目。

屋顶绿化养护项目依据园林植物的类别、规格及养护标准套用绿地养护相应的定额项目,并根据不同的养护方式,对人工和用水量做相应的调整。

十三、本定额肥料和药剂以无公害为主编制。药剂为未兑水的数量。

十四、本定额绿化养护项目中用水量,依据浙江地区年平均降水量为基础综合取定。就地取水另行计算。

十五、建筑、小品维护及设备、设施维护是指对园林工程中非植物元素为保持其正常使用功能所需的维护。其中设备、设施维护定额以设备、设施工程造价为计算基数计算,定额项目分 5 年以内和 5 年以上。5 年以内的定额项目考虑其维护率相对较小,维护费用相对较低因素;5 年以上考虑了其维护率相对较大、维修费用相对较高因素。

破损率在 1.5% 以内的维修项目已包含在建筑、小品维护定额子目中,破损率在 1.5% 以上的维修项目另行计算。建筑、小品、设备、设施维护费用可根据项目的新旧程度及维护要求合理浮动。

十六、有关施工取费费率。

园林绿化养护工程的施工取费费率按《浙江省建设工程计价规则》(2018 版)第 4.5 节"园林绿化及仿古建筑施工取费费率"中的相应项目费率乘以费率调整系数计算,施工取费的其他规定按计价规则执行。园林绿化养护费费率调整系数见下表。

园林绿化养护费率调整系数表

养护工程费用项目	计价规则费用项目	费率调整系数
企业管理费	E1 -3 单独绿化工程企业管理费	0.35
利润	E2 -3 单独绿化工程利润	0.4
安全文明施工费	E3 -1 安全文明施工基本费	0.2
规费	E5 -3 单独绿化工程规费	1
增值税	E6 增值税	1

十七、园林绿化养护平方米单价根据不同的养护标准、绿地的占用面积及设备、设施、保洁、巡视等维护要求分别编制。该平方米单价仅供相关部门编制预算计划及园林绿化养护企业快速报价时参考。

十八、其他说明。

1. 本定额未包括因各种自然灾害造成的抢救费用,若发生应根据不同的损害程度另行计算。

2. 本定额未包括重大节日庆典或专题展览等发生的增加费用,若发生应根据方案要求另行计算。

3. 若发生两个以上系数的采用连乘方法计算。

4. 本定额中注有“××以内”或“××以下”及“小于××”者均包括××本身,“××以外”或“××以上”及“大于××”者均不包括××本身。

5. 本定额基价不包括进项税。

十九、本定额由浙江省建设工程造价管理总站负责解释与管理。

目　录

第四章　其他绿化养护

第五章　建筑、小品维护

第六章　设备、设施维护

第七章　保障措施项目

第八章　园林绿化养护平方米单价

附　　录

第一章
一级绿地养护

说　明

一、本章定额包括乔木、灌木、绿篱、竹类、球形植物、花卉、攀援植物、地被植物、草坪和水生植物养护。

二、本章内容适用于一级绿地养护预算费用的计算，其他绿地、行道树、容器植物、垂直绿化、古树名木、时花养护等其他绿化养护参见本定额第四章“其他绿化养护”相关规定执行，树木刷白参见本定额第七章“保障措施项目”相关规定执行。

三、苗木计价应符合下列规定：

1. 胸径应为地表面向上1.2m高处树干直径；

2. 干径应为地表面向上0.3m高处树干直径；

3. 蓬径（冠幅）应为苗木水平投影面的最大直径和最小直径之间的平均值；

4. 株高（冠丛高）应为地表面至树木顶端的高度；

5. 篱高应为地表面至绿篱顶端的高度。

四、丛生乔木的胸径，按照每根树干胸径之和的75%计算，其中树干胸径≤6cm（干径≤7cm）不计入计算胸径范围。当胸径在6cm以上的树干少于2根时，其胸径按每根树干胸径之和的85%计算。

五、只能测量干径难以测量胸径的乔木，胸径按其干径的86%计算。

六、双排及以上乔木养护适用于绿化隔离带乔木养护。

七、片植是指种植面积在$5m^2$以上，种植密度每平方米大于6株，且三排以上排列的一种成片栽植形式。片植种植面积在$5m^2$以内，套相应定额子目，人工乘以系数1.15。

八、攀援类植物用作地被时按地被植物定额执行。

九、本定额未包括因养护需要新增的苗木、花卉等材料费用。

十、定额项目除说明外，消耗量均不做调整。

工程量计算规则

一、乔木、灌木的养护以“株”计算。

二、灌木片植养护以“m^2”计算。

三、单排、双排和三排绿篱的养护以“m”计算。

四、地被竹、散生竹的养护以“m^2”计算,丛生竹养护以“丛”计算。

五、球形植物养护按蓬径以“株”计算。

六、花卉养护以“m^2”计算。

七、攀援植物、地被植物的养护按覆盖面积以“m^2”计算。

八、草坪养护以“m^2”计算。

九、硬质植草类地坪按实际地坪面积的1/2计算。

十、塘植、浮岛的水生植物养护以“m^2”计算,盆(缸)植的水生植物养护以“盆(缸)”计算。

十一、凡是绿地中构筑物(窨井、设备设施基础等)、建筑、小品面积小于$1m^2$的,不做扣除。

一、乔　　木

1.常绿乔木

工作内容：中耕施肥、整地除草、修剪剥芽、树桩维护、防病除害、加土扶正、清除枯枝、环境清理、浇水排水等。

计量单位：10 株

定额编号				1-1	1-2	1-3	1-4
项目				常绿乔木			
				胸径(cm)			
				5 以内	10 以内	20 以内	30 以内
基价(元)				**127.72**	**208.15**	**376.90**	**578.11**
其中	人工费(元)			89.25	164.38	325.13	518.13
	材料费(元)			13.17	15.89	20.46	25.24
	机械费(元)			25.30	27.88	31.31	34.74
名称		单位	单价(元)	消耗量			
人工	一类人工	工日	125.00	0.714	1.315	2.601	4.145
材料	肥料	kg	0.25	4.419	4.644	4.860	5.400
	药剂	kg	25.86	0.385	0.429	0.477	0.529
	水	m^3	4.27	0.335	0.668	1.403	2.138
	其他材料费	元	1.00	0.680	0.780	0.920	1.080
机械	洒水车 4 000L	台班	428.87	0.059	0.065	0.073	0.081

工作内容：中耕施肥、整地除草、修剪剥芽、树桩维护、防病除害、加土扶正、清除枯枝、环境清理、浇水排水等。

计量单位：10 株

定额编号				1-5	1-6	1-7
项目				常绿乔木		
				胸径(cm)		
				40 以内	60 以内	80 以内
基价(元)				**782.95**	**1 018.71**	**1 527.94**
其中	人工费(元)			714.63	931.75	1 397.50
	材料费(元)			30.15	44.93	67.40
	机械费(元)			38.17	42.03	63.04
名称		单位	单价(元)	消耗量		
人工	一类人工	工日	125.00	5.717	7.454	11.180
材料	肥料	kg	0.25	5.940	6.534	9.801
	药剂	kg	25.86	0.583	0.640	0.960
	水	m^3	4.27	2.892	5.881	8.822
	其他材料费	元	1.00	1.240	1.630	2.450
机械	洒水车 4 000L	台班	428.87	0.089	0.098	0.147

2.落叶乔木

工作内容:中耕施肥、整地除草、修剪剥芽、树桩维护、防病除害、加土扶正、清除枯枝、环境清理、浇水排水等。

计量单位:10 株

定额编号				1-8	1-9	1-10	1-11
项目				落叶乔木			
				胸径(cm)			
				5 以内	10 以内	20 以内	30 以内
基价(元)				**142.51**	**229.97**	**414.52**	**635.82**
其中	人工费(元)			99.50	180.88	357.63	569.88
	材料费(元)			13.85	16.50	20.44	25.20
	机械费(元)			29.16	32.59	36.45	40.74
名称		单位	单价(元)	消耗量			
人工	一类人工	工日	125.00	0.796	1.447	2.861	4.559
材料	肥料	kg	0.25	4.724	5.249	5.832	6.480
	药剂	kg	25.86	0.420	0.467	0.520	0.577
	水	m^3	4.27	0.254	0.535	1.069	1.764
	其他材料费	元	1.00	0.720	0.830	0.970	1.130
机械	洒水车 4 000L	台班	428.87	0.068	0.076	0.085	0.095

工作内容:中耕施肥、整地除草、修剪剥芽、树桩维护、防病除害、加土扶正、清除枯枝、环境清理、浇水排水等。

计量单位:10 株

定额编号				1-12	1-13	1-14
项目				落叶乔木		
				胸径(cm)		
				40 以内	60 以内	80 以内
基价(元)				**860.21**	**1 122.24**	**1 683.42**
其中	人工费(元)			786.00	1 031.63	1 547.50
	材料费(元)			29.61	41.72	62.58
	机械费(元)			44.60	48.89	73.34
名称		单位	单价(元)	消耗量		
人工	一类人工	工日	125.00	6.288	8.253	12.380
材料	肥料	kg	0.25	7.128	7.841	11.760
	药剂	kg	25.86	0.635	0.698	1.047
	水	m^3	4.27	2.369	4.705	7.058
	其他材料费	元	1.00	1.290	1.620	2.430
机械	洒水车 4 000L	台班	428.87	0.104	0.114	0.171

3. 常绿双排乔木

工作内容: 中耕施肥、整地除草、修剪剥芽、树桩维护、防病除害、加土扶正、清除枯枝、环境清理、浇水排水等。

计量单位: 10 株

定额编号				1-15	1-16	1-17	1-18	1-19
项目				常绿双排乔木				
				胸径(cm)				
				10 以内	20 以内	30 以内	40 以内	40 以上
基价(元)				**163.95**	**301.42**	**467.23**	**644.88**	**834.14**
其中	人工费(元)			124.63	250.88	405.13	570.75	747.88
	材料费(元)			17.88	26.95	35.94	44.97	54.09
	机械费(元)			21.44	23.59	26.16	29.16	32.17
	名称	单位	单价(元)	消耗量				
人工	一类人工	工日	125.00	0.997	2.007	3.241	4.566	5.983
材料	肥料	kg	0.25	3.499	3.888	4.320	4.752	5.227
	药剂	kg	25.86	0.351	0.390	0.433	0.477	0.524
	水	m^3	4.27	1.684	3.492	5.257	7.021	8.784
	其他材料费	元	1.00	0.740	0.980	1.220	1.470	1.720
机械	洒水车 4 000L	台班	428.87	0.050	0.055	0.061	0.068	0.075

4. 落叶双排乔木

工作内容: 中耕施肥、整地除草、修剪剥芽、树桩维护、防病除害、加土扶正、清除枯枝、环境清理、浇水排水等。

计量单位: 10 株

定额编号				1-20	1-21	1-22	1-23	1-24
项目				落叶双排乔木				
				胸径(cm)				
				10 以内	20 以内	30 以内	40 以内	40 以上
基价(元)				**184.25**	**327.82**	**507.13**	**693.75**	**906.39**
其中	人工费(元)			142.38	275.88	445.50	621.25	822.63
	材料费(元)			16.14	24.06	31.18	38.62	46.45
	机械费(元)			25.73	27.88	30.45	33.88	37.31
	名称	单位	单价(元)	消耗量				
人工	一类人工	工日	125.00	1.139	2.207	3.564	4.970	6.581
材料	肥料	kg	0.25	4.133	4.860	5.400	5.940	6.534
	药剂	kg	25.86	0.368	0.433	0.481	0.529	0.583
	水	m^3	4.27	1.130	2.500	3.800	5.170	6.589
	其他材料费	元	1.00	0.770	0.970	1.170	1.380	1.610
机械	洒水车 4 000L	台班	428.87	0.060	0.065	0.071	0.079	0.087

5. 常绿双排以上乔木

工作内容:中耕施肥、整地除草、修剪剥芽、树桩维护、防病除害、加土扶正、清除枯枝、环境清理、浇水排水等。

计量单位:10 株

定额编号				1-25	1-26	1-27	1-28	1-29
项目				常绿双排以上乔木				
				胸径(cm)				
				10 以内	20 以内	30 以内	40 以内	40 以上
基价(元)				**125.39**	**230.53**	**357.79**	**490.41**	**639.25**
其中	人工费(元)			95.13	191.50	309.25	432.88	571.00
	材料费(元)			13.96	20.59	27.95	34.80	43.80
	机械费(元)			16.30	18.44	20.59	22.73	24.45
	名称	单位	单价(元)	消耗量				
人工	一类人工	工日	125.00	0.761	1.532	2.474	3.463	4.568
材料	肥料	kg	0.25	2.624	2.916	3.240	3.564	3.920
	药剂	kg	25.86	0.293	0.325	0.361	0.397	0.437
	水	m^3	4.27	1.203	2.500	3.943	5.266	6.589
	其他材料费	元	1.00	0.590	0.780	0.970	1.160	3.380
机械	洒水车 4 000L	台班	428.87	0.038	0.043	0.048	0.053	0.057

6. 落叶双排以上乔木

工作内容:中耕施肥、整地除草、修剪剥芽、树桩维护、防病除害、加土扶正、清除枯枝、环境清理、浇水排水等。

计量单位:10 株

定额编号				1-30	1-31	1-32	1-33	1-34
项目				落叶双排以上乔木				
				胸径(cm)				
				10 以内	20 以内	30 以内	40 以内	40 以上
基价(元)				**138.96**	**252.25**	**389.70**	**531.88**	**704.26**
其中	人工费(元)			102.63	210.63	340.25	474.38	638.00
	材料费(元)			14.89	18.03	23.29	28.34	34.09
	机械费(元)			21.44	23.59	26.16	29.16	32.17
	名称	单位	单价(元)	消耗量				
人工	一类人工	工日	125.00	0.821	1.685	2.722	3.795	5.104
材料	肥料	kg	0.25	3.499	3.888	4.320	4.752	5.227
	药剂	kg	25.86	0.331	0.368	0.409	0.450	0.495
	水	m^3	4.27	1.130	1.588	2.509	3.383	4.388
	其他材料费	元	1.00	0.630	0.760	0.920	1.070	1.250
机械	洒水车 4 000L	台班	428.87	0.050	0.055	0.061	0.068	0.075

二、灌　　木

1.常 绿 灌 木

工作内容:中耕施肥、整地除草、修剪、树桩维护、防病除害、加土扶正、清除枯枝、环境清理、浇水排水等。

计量单位:10 株

定额编号				1-35	1-36	1-37	1-38
项目				常绿灌木			
				高度(cm)			
				30 以内	50 以内	100 以内	150 以内
基价(元)				**10.74**	**11.16**	**16.89**	**24.94**
其中	人工费(元)			3.88	4.13	6.13	9.25
	材料费(元)			3.00	3.17	4.76	7.11
	机械费(元)			3.86	3.86	6.00	8.58
名称		单位	单价(元)	消耗量			
人工	一类人工	工日	125.00	0.031	0.033	0.049	0.074
材料	肥料	kg	0.25	0.354	0.373	0.560	0.840
	药剂	kg	25.86	0.036	0.038	0.057	0.085
	水	m^3	4.27	0.443	0.466	0.699	1.048
	其他材料费	元	1.00	0.090	0.100	0.160	0.230
机械	洒水车 4 000L	台班	428.87	0.009	0.009	0.014	0.020

工作内容:中耕施肥、整地除草、修剪、树桩维护、防病除害、加土扶正、清除枯枝、环境清理、浇水排水等。

计量单位:10 株

定额编号				1-39	1-40	1-41
项目				常绿灌木		
				高度(cm)		
				200 以内	250 以内	250 以上
基价(元)				**37.43**	**56.20**	**84.45**
其中	人工费(元)			13.88	20.88	31.25
	材料费(元)			10.68	16.02	24.04
	机械费(元)			12.87	19.30	29.16
名称		单位	单价(元)	消耗量		
人工	一类人工	工日	125.00	0.111	0.167	0.250
材料	肥料	kg	0.25	1.239	1.859	2.788
	药剂	kg	25.86	0.128	0.192	0.288
	水	m^3	4.27	1.573	2.359	3.539
	其他材料费	元	1.00	0.340	0.520	0.780
机械	洒水车 4 000L	台班	428.87	0.030	0.045	0.068

2.落叶灌木

工作内容:中耕施肥、整地除草、修剪、树桩维护、防病除害、加土扶正、清除枯枝、环境清理、浇水排水等。

计量单位:10 株

定额编号				1-42	1-43	1-44	1-45
项目				落叶灌木			
				高度(cm)			
				30 以内	50 以内	100 以内	150 以内
基价(元)				**11.79**	**12.14**	**17.94**	**27.07**
其中	人工费(元)			4.38	4.63	6.88	10.25
	材料费(元)			2.69	2.79	4.20	6.53
	机械费(元)			4.72	4.72	6.86	10.29
名称		单位	单价(元)	消耗量			
人工	一类人工	工日	125.00	0.035	0.037	0.055	0.082
材料	肥料	kg	0.25	0.408	0.429	0.644	0.966
	药剂	kg	25.86	0.040	0.041	0.062	0.102
	水	m^3	4.27	0.337	0.355	0.532	0.797
	其他材料费	元	1.00	0.110	0.110	0.160	0.250
机械	洒水车 4 000L	台班	428.87	0.011	0.011	0.016	0.024

工作内容:中耕施肥、整地除草、修剪、树桩维护、防病除害、加土扶正、清除枯枝、环境清理、浇水排水等。

计量单位:10 株

定额编号				1-46	1-47	1-48
项目				落叶灌木		
				高度(cm)		
				200 以内	250 以内	250 以上
基价(元)				**40.14**	**59.89**	**89.49**
其中	人工费(元)			15.25	23.00	34.38
	材料费(元)			9.45	14.16	21.23
	机械费(元)			15.44	22.73	33.88
名称		单位	单价(元)	消耗量		
人工	一类人工	工日	125.00	0.122	0.184	0.275
材料	肥料	kg	0.25	1.426	2.138	3.207
	药剂	kg	25.86	0.140	0.209	0.314
	水	m^3	4.27	1.195	1.793	2.689
	其他材料费	元	1.00	0.370	0.560	0.830
机械	洒水车 4 000L	台班	428.87	0.036	0.053	0.079

3.片植灌木

工作内容:中耕施肥、整地除草、修剪、树桩维护、防病除害、加土扶正、清除枯枝、环境清理、浇水排水等。

计量单位:10m²

定额编号				1-49	1-50
项目				片植灌木	
				常绿	落叶
基价(元)				**56.85**	**60.69**
其中	人工费(元)			24.88	27.38
	材料费(元)			14.39	12.72
	机械费(元)			17.58	20.59
	名称	单位	单价(元)	消耗量	
人工	一类人工	工日	125.00	0.199	0.219
材料	肥料	kg	0.25	1.696	2.036
	药剂	kg	25.86	0.172	0.187
	水	m^3	4.27	2.118	1.610
	其他材料费	元	1.00	0.470	0.500
机械	洒水车 4 000L	台班	428.87	0.041	0.048

三、绿　篱

1.单排绿篱

工作内容:中耕施肥、整地除草、修剪、防病除害、加土扶正、清除枯枝、环境清理、浇水排水等。

计量单位:10m

定额编号				1-51	1-52	1-53	1-54	1-55
项目				单排绿篱				
				高度(cm)				
				50 以内	100 以内	150 以内	200 以内	200 以上
基价(元)				**13.29**	**15.01**	**18.19**	**22.23**	**30.50**
其中	人工费(元)			7.50	8.25	9.25	10.25	11.13
	材料费(元)			1.93	2.90	4.22	7.26	13.79
	机械费(元)			3.86	3.86	4.72	4.72	5.58
	名称	单位	单价(元)	消耗量				
人工	一类人工	工日	125.00	0.060	0.066	0.074	0.082	0.089
材料	肥料	kg	0.25	1.131	1.256	1.396	1.536	1.689
	药剂	kg	25.86	0.028	0.030	0.034	0.037	0.041
	水	m^3	4.27	0.200	0.401	0.668	1.337	2.797
	其他材料费	元	1.00	0.070	0.100	0.140	0.210	0.360
机械	洒水车 4 000L	台班	428.87	0.009	0.009	0.011	0.011	0.013

2. 双排绿篱

工作内容:中耕施肥、整地除草、修剪、防病除害、加土扶正、清除枯枝、环境清理、浇水排水等。 **计量单位**:10m

定额编号				1-56	1-57	1-58	1-59	1-60
项目				双排绿篱				
				高度(cm)				
				50 以内	100 以内	150 以内	200 以内	200 以上
基价(元)				**18.48**	**21.91**	**26.24**	**33.89**	**46.48**
其中	人工费(元)			11.13	12.38	13.75	15.13	16.88
	材料费(元)			2.63	3.95	6.49	11.90	22.31
	机械费(元)			4.72	5.58	6.00	6.86	7.29
	名称	单位	单价(元)	消耗量				
人工	一类人工	工日	125.00	0.089	0.099	0.110	0.121	0.135
材料	肥料	kg	0.25	1.696	1.883	2.093	2.302	2.531
	药剂	kg	25.86	0.037	0.041	0.047	0.054	0.054
	水	m^3	4.27	0.267	0.533	1.067	2.248	4.617
	其他材料费	元	1.00	0.110	0.140	0.200	0.330	0.570
机械	洒水车 4 000L	台班	428.87	0.011	0.013	0.014	0.016	0.017

3. 三排绿篱

工作内容:中耕施肥、整地除草、修剪、防病除害、加土扶正、清除枯枝、环境清理、浇水排水等。 **计量单位**:10m

定额编号				1-61	1-62	1-63	1-64	1-65
项目				三排绿篱				
				高度(cm)				
				50 以内	100 以内	150 以内	200 以内	200 以上
基价(元)				**26.57**	**30.61**	**36.26**	**44.76**	**60.97**
其中	人工费(元)			15.00	16.63	18.38	20.38	22.25
	材料费(元)			3.85	5.83	8.44	14.52	27.57
	机械费(元)			7.72	8.15	9.44	9.86	11.15
	名称	单位	单价(元)	消耗量				
人工	一类人工	工日	125.00	0.120	0.133	0.147	0.163	0.178
材料	肥料	kg	0.25	2.261	2.512	2.792	3.071	3.378
	药剂	kg	25.86	0.055	0.061	0.068	0.074	0.082
	水	m^3	4.27	0.401	0.802	1.337	2.673	5.594
	其他材料费	元	1.00	0.150	0.200	0.270	0.420	0.720
机械	洒水车 4 000L	台班	428.87	0.018	0.019	0.022	0.023	0.026

四、竹　类

工作内容：中耕施肥、整地除草、修剪、树桩维护、防病除害、加土扶正、清除枯枝、环境清理、浇水排水等。

计量单位：见表

定额编号				1-66	1-67	1-68
项目				地被竹	丛生竹	散生竹
计量单位				$10m^2$	10 丛	$10m^2$
基价（元）				**57.79**	**64.89**	**73.49**
其中	人工费（元）			49.75	54.38	61.38
	材料费（元）			3.75	5.79	6.53
	机械费（元）			4.29	4.72	5.58
名称		单位	单价（元）	消耗量		
人工	一类人工	工日	125.00	0.398	0.435	0.491
材料	肥料	kg	0.25	1.278	1.394	1.578
	药剂	kg	25.86	0.032	0.034	0.038
	水	m^3	4.27	0.567	1.003	1.133
	其他材料费	元	1.00	0.180	0.280	0.310
机械	洒水车 4 000L	台班	428.87	0.010	0.011	0.013

五、球形植物

工作内容：中耕施肥、整地除草、修剪、防病除害、加土扶正、清除枯枝、环境清理、浇水排水等。　计量单位：10 株

定额编号				1-69	1-70	1-71	1-72	1-73
项目				球形植物				
				蓬径（cm）				
				60 以内	100 以内	150 以内	200 以内	250 以内
基价（元）				**46.52**	**73.70**	**109.65**	**172.08**	**250.36**
其中	人工费（元）			25.38	36.38	68.38	125.00	199.00
	材料费（元）			8.27	15.02	16.40	19.20	20.91
	机械费（元）			12.87	22.30	24.87	27.88	30.45
名称		单位	单价（元）	消耗量				
人工	一类人工	工日	125.00	0.203	0.291	0.547	1.000	1.592
材料	肥料	kg	0.25	2.295	3.937	4.374	4.860	5.400
	药剂	kg	25.86	0.218	0.421	0.467	0.520	0.577
	水	m^3	4.27	0.367	0.565	0.565	0.844	0.844
	其他材料费	元	1.00	0.490	0.740	0.820	0.930	1.030
机械	洒水车 4 000L	台班	428.87	0.030	0.052	0.058	0.065	0.071

工作内容:中耕施肥、整地除草、修剪、防病除害、加土扶正、清除枯枝、环境清理、浇水排水等。 **计量单位**:10 株

定额编号				1-74	1-75	1-76
项目				球形植物		
				蓬径(cm)		
				300 以内	350 以内	350 以上
基价(元)				**331.30**	**435.19**	**571.24**
其中	人工费(元)			273.50	372.13	500.13
	材料费(元)			23.92	25.75	30.37
	机械费(元)			33.88	37.31	40.74
名称		单位	单价(元)	消耗量		
人工	一类人工	工日	125.00	2.188	2.977	4.001
材料	肥料	kg	0.25	5.940	6.534	7.187
	药剂	kg	25.86	0.637	0.698	0.768
	水	m^3	4.27	1.128	1.128	1.709
	其他材料费	元	1.00	1.150	1.250	1.420
机械	洒水车 4 000L	台班	428.87	0.079	0.087	0.095

六、花卉

工作内容:中耕施肥、整地除草、防病除害、清除枯枝、环境清理、浇水排水等。 **计量单位**:$10m^2$

定额编号				1-77
项目				花卉
				球根、宿根
基价(元)				**22.80**
其中	人工费(元)			6.13
	材料费(元)			10.67
	机械费(元)			6.00
名称		单位	单价(元)	消耗量
人工	一类人工	工日	125.00	0.049
材料	肥料	kg	0.25	3.392
	药剂	kg	25.86	0.042
	水	m^3	4.27	1.976
	其他材料费	元	1.00	0.300
机械	洒水车 4 000L	台班	428.87	0.014

七、攀援植物

工作内容：中耕施肥、整地除草、修剪、防病除害、加土扶正、清除枯枝、环境清理、浇水排水等。　　**计量单位：**$10m^2$

定额编号				1-78
项目				攀援植物 覆盖面积
基价（元）				**30.33**
其中	人工费（元）			8.00
	材料费（元）			8.61
	机械费（元）			13.72
	名称	单位	单价(元)	消耗量
人工	一类人工	工日	125.00	0.064
材料	肥料	kg	0.25	1.831
	药剂	kg	25.86	0.246
	水	m^3	4.27	0.324
	其他材料费	元	1.00	0.410
机械	洒水车 4 000L	台班	428.87	0.032

八、地被植物

工作内容：中耕施肥、整地除草、修剪、防病除害、清除枯枝、分株移植、环境清理、浇水排水等。　　**计量单位：**$10m^2$

定额编号				1-79
项目				地被植物 覆盖面积
基价（元）				**25.18**
其中	人工费（元）			4.13
	材料费（元）			10.76
	机械费（元）			10.29
	名称	单位	单价(元)	消耗量
人工	一类人工	工日	125.00	0.033
材料	肥料	kg	0.25	1.697
	药剂	kg	25.86	0.172
	水	m^3	4.27	1.271
	其他材料费	元	1.00	0.460
机械	洒水车 4 000L	台班	428.87	0.024

九、草　坪

工作内容:整地镇压、割草修边、草屑清除、挑除杂草、空秃补植、加土施肥、浇水排水、防病除害、环境清理、打孔复播。

计量单位:$10m^2$

定额编号				1-80	1-81	1-82
项目				草坪		
				暖地型	冷地型	混合型
基价(元)				**66.34**	**87.36**	**112.79**
其中	人工费(元)			51.50	67.00	95.50
	材料费(元)			4.98	6.21	6.14
	机械费(元)			9.86	14.15	11.15
名称		单位	单价(元)	消耗量		
人工	一类人工	工日	125.00	0.412	0.536	0.764
材料	肥料	kg	0.25	1.894	2.272	1.917
	药剂	kg	25.86	0.032	0.047	0.040
	水	m^3	4.27	0.806	0.967	1.016
	其他材料费	元	1.00	0.240	0.300	0.290
机械	洒水车 4 000L	台班	428.87	0.023	0.033	0.026

注:混合型复播按一年两次考虑。

十、水 生 植 物

工作内容:清除枯叶、分株复壮、修根翻盆、调整移植等。

计量单位:见表

定额编号				1-83	1-84	1-85
项目				水生植物		
				塘植	盆(缸)植	浮岛
计量单位				$10m^2$	10盆(缸)	$10m^2$
基价(元)				**66.36**	**140.35**	**74.42**
其中	人工费(元)			57.88	127.75	67.75
	材料费(元)			8.48	12.60	6.67
	机械费(元)			—	—	—
名称		单位	单价(元)	消耗量		
人工	一类人工	工日	125.00	0.463	1.022	0.542
材料	肥料	kg	0.25	2.441	3.417	—
	药剂	kg	25.86	0.288	0.430	0.245
	其他材料费	元	1.00	0.420	0.630	0.330

第二章
二级绿地养护

说　　明

一、本章定额包括乔木、灌木、绿篱、竹类、球形植物、花卉、攀援植物、地被植物、草坪和水生植物养护。

二、本章内容适用于二级绿地养护预算费用的计算，其他绿地、行道树、容器植物、垂直绿化、古树名木、时花养护等其他绿化养护参见本定额第四章相关规定执行，树木刷白参见本定额第七章相关规定执行。

三、苗木计价应符合下列规定：

1. 胸径应为地表面向上1.2m高处树干直径；

2. 干径应为地表面向上0.3m高处树干直径；

3. 蓬径（冠幅）应为苗木水平投影面的最大直径和最小直径之间的平均值；

4. 株高（冠丛高）应为地表面至树木顶端的高度；

5. 篱高应为地表面至绿篱顶端的高度。

四、丛生乔木的胸径，按照每根树干胸径之和的75%计算，其中树干胸径≤6cm（干径≤7cm）不计入计算胸径范围。当胸径在6cm以上的树干少于2根时，其胸径按每根树干胸径之和的85%计算。

五、只能测量干径难以测量胸径的乔木，胸径按其干径的86%计算。

六、双排及以上乔木养护适用于绿化隔离带乔木养护。

七、片植是指种植面积在$5m^2$以上，种植密度每平方米大于6株，且三排以上排列的一种成片栽植形式。片植种植面积在$5m^2$以内，套相应定额子目，人工乘以系数1.15。

八、攀援类植物用作地被时按地被植物定额执行。

九、本定额未包括因养护需要新增的苗木、花卉等材料费用。

十、定额项目除说明外，消耗量均不做调整。

工程量计算规则

一、乔木、灌木的养护以“株”计算。

二、灌木片植养护以“m^2”计算。

三、单排、双排和三排绿篱的养护以“m”计算。

四、地被竹、散生竹的养护以“m^2”计算,丛生竹养护以“丛”计算。

五、球形植物养护按蓬径以“株”计算。

六、花卉养护以“m^2”计算。

七、攀援植物、地被植物的养护按覆盖面积以“m^2”计算。

八、草坪养护以“m^2”计算。

九、硬质植草类地坪按实际地坪面积的 1/2 计算。

十、塘植、浮岛的水生植物养护以“m^2”计算,盆(缸)植的水生植物养护以“盆(缸)”计算。

十一、凡是绿地中构筑物(窨井、设备设施基础等)、建筑、小品面积小于 1m^2的,不做扣除。

一、乔　　木

1.常绿乔木

工作内容:中耕施肥、整地除草、修剪剥芽、树桩维护、防病除害、加土扶正、清除枯枝、环境清理、灌溉排水等。

计量单位:10 株

定额编号				2-1	2-2	2-3	2-4
项目				常绿乔木			
				胸径(cm)			
				5 以内	10 以内	20 以内	30 以内
基价(元)				**95.75**	**156.15**	**282.80**	**433.60**
其中	人工费(元)			67.00	123.25	243.88	388.50
	材料费(元)			9.88	11.89	15.33	18.94
	机械费(元)			18.87	21.01	23.59	26.16
名称		单位	单价(元)	消耗量			
人工	一类人工	工日	125.00	0.536	0.986	1.951	3.108
材料	肥料	kg	0.25	3.314	3.483	3.645	4.050
	药剂	kg	25.86	0.289	0.321	0.357	0.397
	水	m^3	4.27	0.251	0.501	1.052	1.604
	其他材料费	元	1.00	0.510	0.580	0.690	0.810
机械	洒水车 4 000L	台班	428.87	0.044	0.049	0.055	0.061

工作内容:中耕施肥、整地除草、修剪剥芽、树桩维护、防病除害、加土扶正、清除枯枝、环境清理、灌溉排水等。

计量单位:10 株

定额编号				2-5	2-6	2-7
项目				常绿乔木		
				胸径(cm)		
				40 以内	60 以内	80 以内
基价(元)				**587.22**	**763.88**	**1 145.86**
其中	人工费(元)			535.88	698.88	1 048.13
	材料费(元)			22.61	33.69	50.55
	机械费(元)			28.73	31.31	47.18
名称		单位	单价(元)	消耗量		
人工	一类人工	工日	125.00	4.287	5.591	8.385
材料	肥料	kg	0.25	4.455	4.901	7.351
	药剂	kg	25.86	0.437	0.480	0.720
	水	m^3	4.27	2.169	4.410	6.617
	其他材料费	元	1.00	0.930	1.220	1.840
机械	洒水车 4 000L	台班	428.87	0.067	0.073	0.110

2.落叶乔木

工作内容:中耕施肥、整地除草、修剪剥芽、树桩维护、防病除害、加土扶正、清除枯枝、环境清理、灌溉排水等。

计量单位:10株

定额编号				2-8	2-9	2-10	2-11
项目				落叶乔木			
				胸径(cm)			
				5以内	10以内	20以内	30以内
基价(元)				**106.88**	**172.45**	**311.02**	**476.74**
其中	人工费(元)			74.63	135.63	268.25	427.38
	材料费(元)			10.38	12.37	15.32	18.91
	机械费(元)			21.87	24.45	27.45	30.45
名称		单位	单价(元)	消耗量			
人工	一类人工	工日	125.00	0.597	1.085	2.146	3.419
材料	肥料	kg	0.25	3.543	3.937	4.374	4.860
	药剂	kg	25.86	0.315	0.350	0.390	0.433
	水	m^3	4.27	0.190	0.401	0.802	1.323
	其他材料费	元	1.00	0.540	0.620	0.720	0.850
机械	洒水车4 000L	台班	428.87	0.051	0.057	0.064	0.071

工作内容:中耕施肥、整地除草、修剪剥芽、树桩维护、防病除害、加土扶正、清除枯枝、环境清理、灌溉排水等。

计量单位:10株

定额编号				2-12	2-13	2-14
项目				落叶乔木		
				胸径(cm)		
				40以内	60以内	80以内
基价(元)				**645.15**	**841.91**	**1 262.46**
其中	人工费(元)			589.50	773.75	1 160.63
	材料费(元)			22.20	31.28	46.93
	机械费(元)			33.45	36.88	54.90
名称		单位	单价(元)	消耗量		
人工	一类人工	工日	125.00	4.716	6.190	9.285
材料	肥料	kg	0.25	5.346	5.881	8.820
	药剂	kg	25.86	0.476	0.523	0.785
	水	m^3	4.27	1.776	3.529	5.294
	其他材料费	元	1.00	0.970	1.220	1.820
机械	洒水车4 000L	台班	428.87	0.078	0.086	0.128

3. 常绿双排乔木

工作内容：中耕施肥、整地除草、修剪剥芽、树桩维护、防病除害、加土扶正、清除枯枝、环境清理、灌溉排水等。

计量单位：10 株

定额编号				2-15	2-16	2-17	2-18	2-19
项目				常绿双排乔木				
				胸径(cm)				
				10 以内	20 以内	30 以内	40 以内	40 以上
基价（元）				**122.78**	**226.36**	**350.58**	**483.58**	**625.46**
其中	人工费（元）			93.50	188.13	303.88	428.00	560.88
	材料费（元）			13.41	20.22	26.97	33.71	40.56
	机械费（元）			15.87	18.01	19.73	21.87	24.02
	名称	单位	单价(元)	消耗量				
人工	一类人工	工日	125.00	0.748	1.505	2.431	3.424	4.487
材料	肥料	kg	0.25	2.624	2.916	3.240	3.564	3.920
	药剂	kg	25.86	0.263	0.293	0.325	0.357	0.393
	水	m^3	4.27	1.263	2.619	3.943	5.266	6.588
	其他材料费	元	1.00	0.560	0.730	0.920	1.100	1.290
机械	洒水车 4 000L	台班	428.87	0.037	0.042	0.046	0.051	0.056

4. 落叶双排乔木

工作内容：中耕施肥、整地除草、修剪剥芽、树桩维护、防病除害、加土扶正、清除枯枝、环境清理、灌溉排水等。

计量单位：10 株

定额编号				2-20	2-21	2-22	2-23	2-24
项目				落叶双排乔木				
				胸径(cm)				
				10 以内	20 以内	30 以内	40 以内	40 以上
基价（元）				**138.31**	**245.93**	**380.26**	**520.27**	**679.60**
其中	人工费（元）			106.75	206.88	334.13	466.00	616.88
	材料费（元）			12.26	18.04	23.40	28.97	34.84
	机械费（元）			19.30	21.01	22.73	25.30	27.88
	名称	单位	单价(元)	消耗量				
人工	一类人工	工日	125.00	0.854	1.655	2.673	3.728	4.935
材料	肥料	kg	0.25	3.100	3.645	4.050	4.455	4.901
	药剂	kg	25.86	0.276	0.325	0.361	0.397	0.437
	水	m^3	4.27	0.903	1.875	2.850	3.877	4.942
	其他材料费	元	1.00	0.490	0.720	0.880	1.040	1.210
机械	洒水车 4 000L	台班	428.87	0.045	0.049	0.053	0.059	0.065

5. 常绿双排以上乔木

工作内容：中耕施肥、整地除草、修剪剥芽、树桩维护、防病除害、加土扶正、清除枯枝、环境清理、灌溉排水等。

计量单位：10 株

定额编号				2-25	2-26	2-27	2-28	2-29
项目				常绿双排以上乔木				
				胸径(cm)				
				10 以内	20 以内	30 以内	40 以内	40 以上
基价（元）				**94.30**	**172.79**	**268.29**	**367.47**	**479.54**
其中	人工费（元）			71.38	143.63	231.88	324.63	428.25
	材料费（元）			10.48	15.44	20.97	26.11	32.85
	机械费（元）			12.44	13.72	15.44	16.73	18.44
	名称	单位	单价(元)	消耗量				
人工	一类人工	工日	125.00	0.571	1.149	1.855	2.597	3.426
材料	肥料	kg	0.25	1.968	2.187	2.430	2.673	2.940
	药剂	kg	25.86	0.220	0.244	0.271	0.298	0.328
	水	m^3	4.27	0.902	1.875	2.957	3.949	4.942
	其他材料费	元	1.00	0.450	0.580	0.730	0.870	2.530
机械	洒水车 4 000L	台班	428.87	0.029	0.032	0.036	0.039	0.043

6. 落叶双排以上乔木

工作内容：中耕施肥、整地除草、修剪剥芽、树桩维护、防病除害、加土扶正、清除枯枝、环境清理、灌溉排水等。

计量单位：10 株

定额编号				2-30	2-31	2-32	2-33	2-34
项目				落叶双排以上乔木				
				胸径(cm)				
				10 以内	20 以内	30 以内	40 以内	40 以上
基价（元）				**103.00**	**189.53**	**292.34**	**398.88**	**528.11**
其中	人工费（元）			77.00	158.00	255.13	355.75	478.50
	材料费（元）			10.13	13.52	17.48	21.26	25.59
	机械费（元）			15.87	18.01	19.73	21.87	24.02
	名称	单位	单价(元)	消耗量				
人工	一类人工	工日	125.00	0.616	1.264	2.041	2.846	3.828
材料	肥料	kg	0.25	2.624	2.916	3.240	3.564	3.920
	药剂	kg	25.86	0.249	0.276	0.307	0.338	0.372
	水	m^3	4.27	0.601	1.191	1.882	2.537	3.291
	其他材料费	元	1.00	0.470	0.570	0.690	0.800	0.940
机械	洒水车 4 000L	台班	428.87	0.037	0.042	0.046	0.051	0.056

二、灌 木

1.常绿灌木

工作内容：中耕施肥、整地除草、修剪、树桩维护、防病除害、加土扶正、清除枯枝、环境清理、灌溉排水等。

计量单位：10 株

定额编号				2-35	2-36	2-37	2-38
项目				常绿灌木			
				高度(cm)			
				30 以内	50 以内	100 以内	150 以内
基价（元）				**8.13**	**8.49**	**12.49**	**18.77**
其中	人工费（元）			2.88	3.13	4.63	7.00
	材料费（元）			2.25	2.36	3.57	5.34
	机械费（元）			3.00	3.00	4.29	6.43
名称		单位	单价(元)	消耗量			
人工	一类人工	工日	125.00	0.023	0.025	0.037	0.056
材料	肥料	kg	0.25	0.266	0.280	0.420	0.630
	药剂	kg	25.86	0.027	0.028	0.043	0.064
	水	m^3	4.27	0.332	0.349	0.524	0.786
	其他材料费	元	1.00	0.070	0.080	0.120	0.170
机械	洒水车 4 000L	台班	428.87	0.007	0.007	0.010	0.015

工作内容：中耕施肥、整地除草、修剪、树桩维护、防病除害、加土扶正、清除枯枝、环境清理、灌溉排水等。

计量单位：10 株

定额编号				2-39	2-40	2-41
项目				常绿灌木		
				高度(cm)		
				200 以内	250 以内	250 以上
基价（元）				**28.25**	**42.23**	**63.27**
其中	人工费（元）			10.38	15.63	23.38
	材料费（元）			8.01	12.02	18.02
	机械费（元）			9.86	14.58	21.87
名称		单位	单价(元)	消耗量		
人工	一类人工	工日	125.00	0.083	0.125	0.187
材料	肥料	kg	0.25	0.929	1.394	2.091
	药剂	kg	25.86	0.096	0.144	0.216
	水	m^3	4.27	1.180	1.769	2.654
	其他材料费	元	1.00	0.260	0.390	0.580
机械	洒水车 4 000L	台班	428.87	0.023	0.034	0.051

2. 落叶灌木

工作内容: 中耕施肥、整地除草、修剪、树桩维护、防病除害、加土扶正、清除枯枝、环境清理、灌溉排水等。

计量单位: 10 株

定额编号				2-42	2-43	2-44	2-45
项目				落叶灌木			
				高度(cm)			
				30 以内	50 以内	100 以内	150 以内
基价(元)				**8.69**	**9.03**	**13.44**	**20.24**
其中	人工费(元)			3.25	3.50	5.13	7.63
	材料费(元)			2.01	2.10	3.16	4.89
	机械费(元)			3.43	3.43	5.15	7.72
	名称	单位	单价(元)	消耗量			
人工	一类人工	工日	125.00	0.026	0.028	0.041	0.061
材料	肥料	kg	0.25	0.306	0.322	0.483	0.724
	药剂	kg	25.86	0.030	0.031	0.047	0.076
	水	m^3	4.27	0.252	0.266	0.399	0.597
	其他材料费	元	1.00	0.080	0.080	0.120	0.190
机械	洒水车 4 000L	台班	428.87	0.008	0.008	0.012	0.018

工作内容: 中耕施肥、整地除草、修剪、树桩维护、防病除害、加土扶正、清除枯枝、环境清理、灌溉排水等。

计量单位: 10 株

定额编号				2-46	2-47	2-48
项目				落叶灌木		
				高度(cm)		
				200 以内	250 以内	250 以上
基价(元)				**30.05**	**45.02**	**67.12**
其中	人工费(元)			11.38	17.25	25.88
	材料费(元)			7.09	10.62	15.94
	机械费(元)			11.58	17.15	25.30
	名称	单位	单价(元)	消耗量		
人工	一类人工	工日	125.00	0.091	0.138	0.207
材料	肥料	kg	0.25	1.069	1.604	2.405
	药剂	kg	25.86	0.105	0.157	0.236
	水	m^3	4.27	0.896	1.345	2.017
	其他材料费	元	1.00	0.280	0.420	0.620
机械	洒水车 4 000L	台班	428.87	0.027	0.040	0.059

3. 片植灌木

工作内容：中耕施肥、整地除草、修剪、树桩维护、防病除害、加土扶正、清除枯枝、环境清理、灌溉排水等。

计量单位：$10m^2$

定额编号				2-49	2-50
项目				片植灌木	
				常绿	落叶
基价（元）				42.29	45.48
其中	人工费（元）			18.63	20.50
	材料费（元）			10.79	9.54
	机械费（元）			12.87	15.44
名称		单位	单价(元)	消耗量	
人工	一类人工	工日	125.00	0.149	0.164
材料	肥料	kg	0.25	1.272	1.527
	药剂	kg	25.86	0.129	0.140
	水	m^3	4.27	1.589	1.208
	其他材料费	元	1.00	0.350	0.380
机械	洒水车 4 000L	台班	428.87	0.030	0.036

三、绿　篱

1. 单排绿篱

工作内容：中耕施肥、整地除草、修剪、防病除害、加土扶正、清除枯枝、环境清理、灌溉排水等。　计量单位：10m

定额编号				2-51	2-52	2-53	2-54	2-55
项目				单排绿篱				
				高度(cm)				
				50 以内	100 以内	150 以内	200 以内	200 以上
基价（元）				10.09	11.45	13.46	16.94	23.02
其中	人工费（元）			5.63	6.25	6.88	7.63	8.38
	材料费（元）			1.46	2.20	3.15	5.45	10.35
	机械费（元）			3.00	3.00	3.43	3.86	4.29
名称		单位	单价(元)	消耗量				
人工	一类人工	工日	125.00	0.045	0.050	0.055	0.061	0.067
材料	肥料	kg	0.25	0.848	0.942	1.047	1.152	1.267
	药剂	kg	25.86	0.021	0.023	0.025	0.028	0.031
	水	m^3	4.27	0.150	0.301	0.501	1.002	2.098
	其他材料费	元	1.00	0.060	0.080	0.100	0.160	0.270
机械	洒水车 4 000L	台班	428.87	0.007	0.007	0.008	0.009	0.010

2. 双排绿篱

工作内容:中耕施肥、整地除草、修剪、防病除害、加土扶正、清除枯枝、环境清理、灌溉排水等。　　计量单位:10m

定额编号				2-56	2-57	2-58	2-59	2-60
项目				双排绿篱				
				高度(cm)				
				50 以内	100 以内	150 以内	200 以内	200 以上
基价(元)				**14.22**	**16.49**	**19.96**	**25.47**	**34.96**
其中	人工费(元)			8.38	9.25	10.38	11.38	12.63
	材料费(元)			1.98	2.95	4.86	8.94	16.75
	机械费(元)			3.86	4.29	4.72	5.15	5.58
	名称	单位	单价(元)	消耗量				
人工	一类人工	工日	125.00	0.067	0.074	0.083	0.091	0.101
材料	肥料	kg	0.25	1.272	1.412	1.569	1.726	1.898
	药剂	kg	25.86	0.028	0.030	0.035	0.041	0.041
	水	m^3	4.27	0.200	0.400	0.800	1.686	3.463
	其他材料费	元	1.00	0.080	0.110	0.150	0.250	0.430
机械	洒水车 4 000L	台班	428.87	0.009	0.010	0.011	0.012	0.013

3. 三排绿篱

工作内容:中耕施肥、整地除草、修剪、防病除害、加土扶正、清除枯枝、环境清理、灌溉排水等。　　计量单位:10m

定额编号				2-61	2-62	2-63	2-64	2-65
项目				三排绿篱				
				高度(cm)				
				50 以内	100 以内	150 以内	200 以内	200 以上
基价(元)				**19.74**	**22.88**	**26.93**	**33.44**	**45.59**
其中	人工费(元)			11.25	12.50	13.75	15.25	16.75
	材料费(元)			2.91	4.38	6.32	10.90	20.69
	机械费(元)			5.58	6.00	6.86	7.29	8.15
	名称	单位	单价(元)	消耗量				
人工	一类人工	工日	125.00	0.090	0.100	0.110	0.122	0.134
材料	肥料	kg	0.25	1.696	1.884	2.094	2.303	2.533
	药剂	kg	25.86	0.042	0.046	0.051	0.056	0.062
	水	m^3	4.27	0.301	0.601	1.002	2.005	4.196
	其他材料费	元	1.00	0.110	0.150	0.200	0.310	0.540
机械	洒水车 4 000L	台班	428.87	0.013	0.014	0.016	0.017	0.019

四、竹　　类

工作内容：中耕施肥、整地除草、修剪、树桩维护、防病除害、加土扶正、清除枯枝、环境清理、灌溉排水等。　　　　**计量单位：**见表

定额编号					2-66	2-67	2-68
项目					地被竹	丛生竹	散生竹
计量单位					$10m^2$	10 丛	$10m^2$
基价（元）					**41.34**	**48.51**	**54.87**
其中	人工费（元）				37.25	40.75	46.13
	材料费（元）				1.09	4.33	4.88
	机械费（元）				3.00	3.43	3.86
名称			单位	单价(元)	消耗量		
人工	一类人工		工日	125.00	0.298	0.326	0.369
材料	肥料		kg	0.25	0.959	1.046	1.183
	药剂		kg	25.86	0.024	0.025	0.028
	水		m^3	4.27	0.043	0.752	0.850
	其他材料费		元	1.00	0.050	0.210	0.230
机械	洒水车 4 000L		台班	428.87	0.007	0.008	0.009

五、球形植物

工作内容：中耕施肥、整地除草、修剪、防病除害、加土扶正、清除枯枝、环境清理、灌溉排水等。　　**计量单位：**10 株

定额编号				2-69	2-70	2-71	2-72	2-73
项目				球形植物				
				蓬径(cm)				
				60 以内	100 以内	150 以内	200 以内	250 以内
基价（元）				**35.07**	**55.23**	**82.54**	**129.16**	**187.66**
其中	人工费（元）			19.00	27.25	51.38	93.75	149.25
	材料费（元）			6.21	11.25	12.29	14.40	15.68
	机械费（元）			9.86	16.73	18.87	21.01	22.73
名称		单位	单价(元)	消耗量				
人工	一类人工	工日	125.00	0.152	0.218	0.411	0.750	1.194
材料	肥料	kg	0.25	1.721	2.952	3.281	3.645	4.050
	药剂	kg	25.86	0.164	0.315	0.350	0.390	0.433
	水	m^3	4.27	0.275	0.424	0.424	0.633	0.633
	其他材料费	元	1.00	0.360	0.560	0.610	0.700	0.770
机械	洒水车 4 000L	台班	428.87	0.023	0.039	0.044	0.049	0.053

工作内容:中耕施肥、整地除草、修剪、防病除害、加土扶正、清除枯枝、环境清理、灌溉排水等。 **计量单位**:10 株

定额编号				2-74	2-75	2-76
项目				球形植物		
				蓬径(cm)		
				300 以内	350 以内	350 以上
基价(元)				**248.38**	**326.31**	**428.37**
其中	人工费(元)			205.13	279.13	375.13
	材料费(元)			17.95	19.30	22.79
	机械费(元)			25.30	27.88	30.45
名称		单位	单价(元)	消耗量		
人工	一类人工	工日	125.00	1.641	2.233	3.001
材料	肥料	kg	0.25	4.455	4.901	5.391
	药剂	kg	25.86	0.478	0.523	0.576
	水	m^3	4.27	0.846	0.846	1.282
	其他材料费	元	1.00	0.860	0.940	1.070
机械	洒水车 4 000L	台班	428.87	0.059	0.065	0.071

六、花卉

工作内容:中耕施肥、整地除草、防病除害、清除枯枝、环境清理、灌溉排水等。 **计量单位**:$10m^2$

定额编号				2-77
项目				花卉
				球根、宿根
基价(元)				**17.35**
其中	人工费(元)			4.63
	材料费(元)			8.00
	机械费(元)			4.72
名称		单位	单价(元)	消耗量
人工	一类人工	工日	125.00	0.037
材料	肥料	kg	0.25	2.544
	药剂	kg	25.86	0.031
	水	m^3	4.27	1.482
	其他材料费	元	1.00	0.230
机械	洒水车 4 000L	台班	428.87	0.011

七、攀援植物

工作内容：中耕施肥、整地除草、修剪、防病除害、加土扶正、清除枯枝、环境清理、灌溉排水等。　**计量单位：**10m²

定额编号				2-78
项目				攀援植物
				覆盖面积
基价（元）				**76.74**
其中	人工费（元）			60.00
	材料费（元）			6.45
	机械费（元）			10.29
名称		单位	单价(元)	消耗量
人工	一类人工	工日	125.00	0.480
材料	肥料	kg	0.25	1.373
	药剂	kg	25.86	0.184
	水	m^3	4.27	0.243
	其他材料费	元	1.00	0.310
机械	洒水车 4 000L	台班	428.87	0.024

八、地被植物

工作内容：中耕施肥、整地除草、修剪、防病除害、清除枯枝、分株移植、环境清理、灌溉排水等。　**计量单位：**10m²

定额编号				2-79
项目				地被植物
				覆盖面积
基价（元）				**18.91**
其中	人工费（元）			3.13
	材料费（元）			8.06
	机械费（元）			7.72
名称		单位	单价(元)	消耗量
人工	一类人工	工日	125.00	0.025
材料	肥料	kg	0.25	1.272
	药剂	kg	25.86	0.129
	水	m^3	4.27	0.953
	其他材料费	元	1.00	0.340
机械	洒水车 4 000L	台班	428.87	0.018

九、草　坪

工作内容:整地镇压、割草修边、草屑清除、挑除杂草、空秃补植、加土施肥、灌溉排水、防病除害、环境清理、打孔复播。

计量单位:10m²

定额编号				2-80	2-81	2-82
项目				草坪		
				暖地型	冷地型	混合型
基价(元)				**49.65**	**65.62**	**84.82**
其中	人工费(元)			38.63	50.25	71.63
	材料费(元)			3.73	4.65	4.61
	机械费(元)			7.29	10.72	8.58
名称		单位	单价(元)	消耗量		
人工	一类人工	工日	125.00	0.309	0.402	0.573
材料	肥料	kg	0.25	1.420	1.704	1.438
	药剂	kg	25.86	0.024	0.035	0.030
	水	m³	4.27	0.604	0.725	0.762
	其他材料费	元	1.00	0.180	0.220	0.220
机械	洒水车 4 000L	台班	428.87	0.017	0.025	0.020

注:混合型复播按一年两次考虑。

十、水生植物

工作内容:清除枯叶、分株复壮、修根翻盆、调整移植等。

计量单位:见表

定额编号				2-83	2-84	2-85
项目				水生植物		
				塘植	盆(缸)植	浮岛
计量单位				10m²	10盆(缸)	10m²
基价(元)				**49.74**	**105.21**	**55.76**
其中	人工费(元)			43.38	95.75	50.75
	材料费(元)			6.36	9.46	5.01
	机械费(元)			—	—	—
名称		单位	单价(元)	消耗量		
人工	一类人工	工日	125.00	0.347	0.766	0.406
材料	肥料	kg	0.25	1.831	2.563	—
	药剂	kg	25.86	0.216	0.323	0.184
	其他材料费	元	1.00	0.320	0.470	0.250

第三章
三级绿地养护

说　　明

一、本章定额包括乔木、灌木、绿篱、竹类、球形植物、花卉、攀援植物、地被植物、草坪和水生植物养护。

二、本章内容适用于三级绿地养护预算费用的计算，其他绿地、行道树、容器植物、垂直绿化、古树名木、时花养护等其他绿化养护参见本定额第四章相关规定执行，树木刷白参见本定额第七章相关规定执行。

三、苗木计价应符合下列规定：

1. 胸径应为地表面向上1.2m高处树干直径；

2. 干径应为地表面向上0.3m高处树干直径；

3. 蓬径（冠幅）应为苗木水平投影面的最大直径和最小直径之间的平均值；

4. 株高（冠丛高）应为地表面至树木顶端的高度；

5. 篱高应为地表面至绿篱顶端的高度。

四、丛生乔木的胸径，按照每根树干胸径之和的75%计算，其中树干胸径≤6cm（干径≤7cm）不计入计算胸径范围。当胸径在6cm以上的树干少于2根时，其胸径按每根树干胸径之和的85%计算。

五、只能测量干径难以测量胸径的乔木，胸径按其干径的86%计算。

六、双排及以上乔木养护适用于绿化隔离带乔木养护。

七、片植是指种植面积在$5m^2$以上，种植密度每平方米大于6株，且三排以上排列的一种成片栽植形式。片植种植面积在$5m^2$以内，套相应定额子目，人工乘以系数1.15。

八、攀援类植物用作地被时按地被植物定额执行。

九、本定额未包括因养护需要新增的苗木、花卉等材料费用。

十、定额项目除说明外，消耗量均不做调整。

工程量计算规则

一、乔木、灌木的养护以“株”计算。

二、灌木片植养护以“m^2”计算。

三、单排、双排和三排绿篱的养护以“m”计算。

四、地被竹、散生竹的养护以“m^2”计算,丛生竹养护以“丛”计算。

五、球形植物养护按蓬径以“株”计算。

六、花卉养护以“m^2”计算。

七、攀援植物、地被植物的养护按覆盖面积以“m^2”计算。

八、草坪养护以“m^2”计算。

九、硬质植草类地坪按实际地坪面积的 1/2 计算。

十、塘植、浮岛的水生植物养护以“m^2”计算,盆(缸)植的水生植物养护以“盆(缸)”计算。

十一、凡是绿地中构筑物(窨井、设备设施基础等)、建筑、小品面积小于 $1m^2$ 的,不做扣除。

一、乔　　木

1.常绿乔木

工作内容：中耕施肥、整地除草、修剪剥芽、树桩维护、防病除害、加土扶正、清除枯枝、环境清理、灌溉排水等。

计量单位：10 株

定额编号				3-1	3-2	3-3	3-4
项目				常绿乔木			
				胸径(cm)			
				5 以内	10 以内	20 以内	30 以内
基价（元）				**71.82**	**117.30**	**211.96**	**325.32**
其中	人工费（元）			50.25	92.50	182.88	291.38
	材料费（元）			7.42	8.93	11.50	14.21
	机械费（元）			14.15	15.87	17.58	19.73
名称		单位	单价(元)	消耗量			
人工	一类人工	工日	125.00	0.402	0.740	1.463	2.331
材料	肥料	kg	0.25	2.486	2.612	2.734	3.038
	药剂	kg	25.86	0.217	0.241	0.268	0.298
	水	m^3	4.27	0.188	0.376	0.789	1.203
	其他材料费	元	1.00	0.380	0.440	0.520	0.610
机械	洒水车 4 000L	台班	428.87	0.033	0.037	0.041	0.046

工作内容：中耕施肥、整地除草、修剪剥芽、树桩维护、防病除害、加土扶正、清除枯枝、环境清理、灌溉排水等。

计量单位：10 株

定额编号				3-5	3-6	3-7
项目				常绿乔木		
				胸径(cm)		
				40 以内	60 以内	80 以内
基价（元）				**440.40**	**572.99**	**859.64**
其中	人工费（元）			402.00	524.13	786.13
	材料费（元）			16.96	25.27	37.91
	机械费（元）			21.44	23.59	35.60
名称		单位	单价(元)	消耗量		
人工	一类人工	工日	125.00	3.216	4.193	6.289
材料	肥料	kg	0.25	3.341	3.675	5.513
	药剂	kg	25.86	0.328	0.360	0.540
	水	m^3	4.27	1.627	3.308	4.962
	其他材料费	元	1.00	0.700	0.920	1.380
机械	洒水车 4 000L	台班	428.87	0.050	0.055	0.083

2.落 叶 乔 木

工作内容:中耕施肥、整地除草、修剪剥芽、树桩维护、防病除害、加土扶正、清除枯枝、环境清理、灌溉排水等。

计量单位:10 株

定额编号				3-8	3-9	3-10	3-11
项目				落叶乔木			
				胸径(cm)			
				5 以内	10 以内	20 以内	30 以内
基价(元)				**80.09**	**129.48**	**233.20**	**357.43**
其中	人工费(元)			56.00	101.75	201.13	320.50
	材料费(元)			7.79	9.29	11.48	14.20
	机械费(元)			16.30	18.44	20.59	22.73
名称		单位	单价(元)	消耗量			
人工	一类人工	工日	125.00	0.448	0.814	1.609	2.564
材料	肥料	kg	0.25	2.657	2.952	3.281	3.645
	药剂	kg	25.86	0.236	0.263	0.292	0.325
	水	m^3	4.27	0.143	0.301	0.601	0.993
	其他材料费	元	1.00	0.410	0.470	0.540	0.640
机械	洒水车 4 000L	台班	428.87	0.038	0.043	0.048	0.053

工作内容:中耕施肥、整地除草、修剪剥芽、树桩维护、防病除害、加土扶正、清除枯枝、环境清理、灌溉排水等。

计量单位:10 株

定额编号				3-12	3-13	3-14
项目				落叶乔木		
				胸径(cm)		
				40 以内	60 以内	80 以内
基价(元)				**483.65**	**631.17**	**946.88**
其中	人工费(元)			442.13	580.25	870.50
	材料费(元)			16.65	23.47	35.21
	机械费(元)			24.87	27.45	41.17
名称		单位	单价(元)	消耗量		
人工	一类人工	工日	125.00	3.537	4.642	6.964
材料	肥料	kg	0.25	4.010	4.410	6.615
	药剂	kg	25.86	0.357	0.393	0.589
	水	m^3	4.27	1.332	2.646	3.970
	其他材料费	元	1.00	0.730	0.910	1.370
机械	洒水车 4 000L	台班	428.87	0.058	0.064	0.096

3. 常绿双排乔木

工作内容：中耕施肥、整地除草、修剪剥芽、树桩维护、防病除害、加土扶正、清除枯枝、环境清理、灌溉排水等。

计量单位：10 株

定额编号				3-15	3-16	3-17	3-18	3-19
项目				常绿双排乔木				
				胸径(cm)				
				10 以内	20 以内	30 以内	40 以内	40 以上
基价（元）				**92.19**	**169.57**	**263.10**	**362.60**	**469.07**
其中	人工费（元）			70.13	141.13	227.88	321.00	420.63
	材料费（元）			10.05	15.15	20.21	25.30	30.43
	机械费（元）			12.01	13.29	15.01	16.30	18.01
	名称	单位	单价(元)	消耗量				
人工	一类人工	工日	125.00	0.561	1.129	1.823	2.568	3.365
材料	肥料	kg	0.25	1.968	2.187	2.430	2.673	2.940
	药剂	kg	25.86	0.197	0.219	0.243	0.268	0.295
	水	m^3	4.27	0.947	1.965	2.957	3.950	4.941
	其他材料费	元	1.00	0.420	0.550	0.690	0.830	0.970
机械	洒水车 4 000L	台班	428.87	0.028	0.031	0.035	0.038	0.042

4. 落叶双排乔木

工作内容：中耕施肥、整地除草、修剪剥芽、树桩维护、防病除害、加土扶正、清除枯枝、环境清理、灌溉排水等。

计量单位：10 株

定额编号				3-20	3-21	3-22	3-23	3-24
项目				落叶双排乔木				
				胸径(cm)				
				10 以内	20 以内	30 以内	40 以内	40 以上
基价（元）				**103.91**	**184.20**	**285.33**	**390.11**	**509.90**
其中	人工费（元）			80.13	155.25	250.63	349.50	462.75
	材料费（元）			9.20	13.51	17.55	21.74	26.14
	机械费（元）			14.58	15.44	17.15	18.87	21.01
	名称	单位	单价(元)	消耗量				
人工	一类人工	工日	125.00	0.641	1.242	2.005	2.796	3.702
材料	肥料	kg	0.25	2.325	2.734	3.038	3.341	3.675
	药剂	kg	25.86	0.207	0.243	0.271	0.298	0.328
	水	m^3	4.27	0.677	1.406	2.137	2.908	3.706
	其他材料费	元	1.00	0.370	0.540	0.660	0.780	0.910
机械	洒水车 4 000L	台班	428.87	0.034	0.036	0.040	0.044	0.049

5. 常绿双排以上乔木

工作内容:中耕施肥、整地除草、修剪剥芽、树桩维护、防病除害、加土扶正、清除枯枝、环境清理、灌溉排水等。

计量单位:10 株

定额编号				3-25	3-26	3-27	3-28	3-29
项目				常绿双排以上乔木				
				胸径(cm)				
				10 以内	20 以内	30 以内	40 以内	40 以上
基价(元)				**70.80**	**129.63**	**201.31**	**275.94**	**359.49**
其中	人工费(元)			53.50	107.75	174.00	243.50	321.13
	材料费(元)			7.86	11.59	15.73	19.57	24.64
	机械费(元)			9.44	10.29	11.58	12.87	13.72
	名称	单位	单价(元)	消耗量				
人工	一类人工	工日	125.00	0.428	0.862	1.392	1.948	2.569
材料	肥料	kg	0.25	1.476	1.640	1.823	2.005	2.205
	药剂	kg	25.86	0.165	0.183	0.203	0.223	0.246
	水	m^3	4.27	0.677	1.406	2.218	2.962	3.706
	其他材料费	元	1.00	0.330	0.440	0.550	0.650	1.900
机械	洒水车 4 000L	台班	428.87	0.022	0.024	0.027	0.030	0.032

6. 落叶双排以上乔木

工作内容:中耕施肥、整地除草、修剪剥芽、树桩维护、防病除害、加土扶正、清除枯枝、环境清理、灌溉排水等。

计量单位:10 株

定额编号				3-30	3-31	3-32	3-33	3-34
项目				落叶双排以上乔木				
				胸径(cm)				
				10 以内	20 以内	30 以内	40 以内	40 以上
基价(元)				**77.34**	**141.93**	**219.49**	**299.12**	**396.08**
其中	人工费(元)			57.75	118.50	191.38	266.88	358.88
	材料费(元)			7.58	10.14	13.10	15.94	19.19
	机械费(元)			12.01	13.29	15.01	16.30	18.01
	名称	单位	单价(元)	消耗量				
人工	一类人工	工日	125.00	0.462	0.948	1.531	2.135	2.871
材料	肥料	kg	0.25	1.968	2.187	2.430	2.673	2.940
	药剂	kg	25.86	0.186	0.207	0.230	0.253	0.279
	水	m^3	4.27	0.451	0.893	1.411	1.903	2.468
	其他材料费	元	1.00	0.350	0.430	0.520	0.600	0.700
机械	洒水车 4 000L	台班	428.87	0.028	0.031	0.035	0.038	0.042

二、灌　　木

1.常绿灌木

工作内容:中耕施肥、整地除草、修剪、树桩维护、防病除害、加土扶正、清除枯枝、环境清理、灌溉排水等。

计量单位:10 株

定额编号				3-35	3-36	3-37	3-38
项目				常绿灌木			
				高度(cm)			
				30 以内	50 以内	100 以内	150 以内
基价(元)				**5.95**	**6.29**	**9.60**	**13.98**
其中	人工费(元)			2.13	2.38	3.50	5.25
	材料费(元)			1.68	1.77	2.67	4.01
	机械费(元)			2.14	2.14	3.43	4.72
名称		单位	单价(元)	消耗量			
人工	一类人工	工日	125.00	0.017	0.019	0.028	0.042
材料	肥料	kg	0.25	0.199	0.210	0.315	0.472
	药剂	kg	25.86	0.020	0.021	0.032	0.048
	水	m^3	4.27	0.249	0.262	0.393	0.590
	其他材料费	元	1.00	0.050	0.060	0.090	0.130
机械	洒水车 4 000L	台班	428.87	0.005	0.005	0.008	0.011

工作内容:中耕施肥、整地除草、修剪、树桩维护、防病除害、加土扶正、清除枯枝、环境清理、灌溉排水等。

计量单位:10 株

定额编号				3-39	3-40	3-41
项目				常绿灌木		
				高度(cm)		
				200 以内	250 以内	250 以上
基价(元)				**21.05**	**31.48**	**47.32**
其中	人工费(元)			7.75	11.75	17.50
	材料费(元)			6.01	9.01	13.52
	机械费(元)			7.29	10.72	16.30
名称		单位	单价(元)	消耗量		
人工	一类人工	工日	125.00	0.062	0.094	0.140
材料	肥料	kg	0.25	0.697	1.046	1.568
	药剂	kg	25.86	0.072	0.108	0.162
	水	m^3	4.27	0.885	1.327	1.991
	其他材料费	元	1.00	0.190	0.290	0.440
机械	洒水车 4 000L	台班	428.87	0.017	0.025	0.038

2.落叶灌木

工作内容:中耕施肥、整地除草、修剪、树桩维护、防病除害、加土扶正、清除枯枝、环境清理、灌溉排水等。

计量单位:10 株

定额编号				3-42	3-43	3-44	3-45
项目				落叶灌木			
				高度(cm)			
				30 以内	50 以内	100 以内	150 以内
基价(元)				**6.56**	**6.76**	**10.10**	**15.41**
其中	人工费(元)			2.50	2.63	3.88	5.75
	材料费(元)			1.49	1.56	2.36	3.66
	机械费(元)			2.57	2.57	3.86	6.00
名称		单位	单价(元)	消耗量			
人工	一类人工	工日	125.00	0.020	0.021	0.031	0.046
材料	肥料	kg	0.25	0.229	0.241	0.362	0.543
	药剂	kg	25.86	0.022	0.023	0.035	0.057
	水	m^3	4.27	0.189	0.199	0.299	0.448
	其他材料费	元	1.00	0.060	0.060	0.090	0.140
机械	洒水车 4 000L	台班	428.87	0.006	0.006	0.009	0.014

工作内容:中耕施肥、整地除草、修剪、树桩维护、防病除害、加土扶正、清除枯枝、环境清理、灌溉排水等。

计量单位:10 株

定额编号				3-46	3-47	3-48
项目				落叶灌木		
				高度(cm)		
				200 以内	250 以内	250 以上
基价(元)				**22.38**	**33.69**	**50.64**
其中	人工费(元)			8.50	12.88	19.38
	材料费(元)			5.30	7.94	11.96
	机械费(元)			8.58	12.87	19.30
名称		单位	单价(元)	消耗量		
人工	一类人工	工日	125.00	0.068	0.103	0.155
材料	肥料	kg	0.25	0.802	1.203	1.804
	药剂	kg	25.86	0.078	0.117	0.177
	水	m^3	4.27	0.672	1.008	1.513
	其他材料费	元	1.00	0.210	0.310	0.470
机械	洒水车 4 000L	台班	428.87	0.020	0.030	0.045

3.片植灌木

工作内容：中耕施肥、整地除草、修剪、树桩维护、防病除害、加土扶正、清除枯枝、环境清理、灌溉排水等。

计量单位：10m²

定额编号				3-49	3-50
项目				片植灌木	
				常绿	落叶
基价（元）				**31.95**	**34.11**
其中	人工费（元）			14.00	15.38
	材料费（元）			8.09	7.15
	机械费（元）			9.86	11.58
名称		单位	单价(元)	消耗量	
人工	一类人工	工日	125.00	0.112	0.123
材料	肥料	kg	0.25	0.954	1.145
	药剂	kg	25.86	0.097	0.105
	水	m^3	4.27	1.191	0.906
	其他材料费	元	1.00	0.260	0.280
机械	洒水车 4 000L	台班	428.87	0.023	0.027

三、绿篱

1.单排绿篱

工作内容：中耕施肥、整地除草、修剪、防病除害、加土扶正、清除枯枝、环境清理、灌溉排水等。　计量单位：10m

定额编号				3-51	3-52	3-53	3-54	3-55
项目				单排绿篱				
				高度(cm)				
				50 以内	100 以内	150 以内	200 以内	200 以上
基价（元）				**7.49**	**8.41**	**10.07**	**12.41**	**17.00**
其中	人工费（元）			4.25	4.63	5.13	5.75	6.25
	材料费（元）			1.10	1.64	2.37	4.09	7.75
	机械费（元）			2.14	2.14	2.57	2.57	3.00
名称		单位	单价(元)	消耗量				
人工	一类人工	工日	125.00	0.034	0.037	0.041	0.046	0.050
材料	肥料	kg	0.25	0.636	0.707	0.785	0.864	0.950
	药剂	kg	25.86	0.016	0.017	0.019	0.021	0.023
	水	m^3	4.27	0.113	0.226	0.376	0.752	1.573
	其他材料费	元	1.00	0.040	0.060	0.080	0.120	0.200
机械	洒水车 4 000L	台班	428.87	0.005	0.005	0.006	0.006	0.007

2. 双 排 绿 篱

工作内容：中耕施肥、整地除草、修剪、防病除害、加土扶正、清除枯枝、环境清理、灌溉排水等。 计量单位：10m

定额编号				3-56	3-57	3-58	3-59	3-60
项目				双排绿篱				
				高度(cm)				
				50 以内	100 以内	150 以内	200 以内	200 以上
基价(元)				**10.30**	**12.22**	**14.84**	**19.05**	**25.90**
其中	人工费(元)			6.25	7.00	7.75	8.50	9.50
	材料费(元)			1.48	2.22	3.66	6.69	12.54
	机械费(元)			2.57	3.00	3.43	3.86	3.86
	名称	单位	单价(元)	消耗量				
人工	一类人工	工日	125.00	0.050	0.056	0.062	0.068	0.076
材料	肥料	kg	0.25	0.954	1.059	1.177	1.295	1.424
	药剂	kg	25.86	0.021	0.023	0.027	0.030	0.030
	水	m^3	4.27	0.150	0.300	0.600	1.264	2.597
	其他材料费	元	1.00	0.060	0.080	0.110	0.190	0.320
机械	洒水车 4 000L	台班	428.87	0.006	0.007	0.008	0.009	0.009

3. 三 排 绿 篱

工作内容：中耕施肥、整地除草、修剪、防病除害、加土扶正、清除枯枝、环境清理、灌溉排水等。 计量单位：10m

定额编号				3-61	3-62	3-63	3-64	3-65
项目				三排绿篱				
				高度(cm)				
				50 以内	100 以内	150 以内	200 以内	200 以上
基价(元)				**14.95**	**17.37**	**20.27**	**25.26**	**34.00**
其中	人工费(元)			8.50	9.38	10.38	11.50	12.50
	材料费(元)			2.16	3.27	4.74	8.18	15.50
	机械费(元)			4.29	4.72	5.15	5.58	6.00
	名称	单位	单价(元)	消耗量				
人工	一类人工	工日	125.00	0.068	0.075	0.083	0.092	0.100
材料	肥料	kg	0.25	1.272	1.413	1.570	1.728	1.900
	药剂	kg	25.86	0.031	0.034	0.038	0.042	0.046
	水	m^3	4.27	0.226	0.451	0.752	1.504	3.147
	其他材料费	元	1.00	0.080	0.110	0.150	0.240	0.400
机械	洒水车 4 000L	台班	428.87	0.010	0.011	0.012	0.013	0.014

四、竹 类

工作内容:中耕施肥、整地除草、修剪、树桩维护、防病除害、加土扶正、清除枯枝、环境清理、灌溉排水等。

计量单位:见表

定额编号				3-66	3-67	3-68
项目				地被竹	丛生竹	散生竹
计量单位				$10m^2$	10 丛	$10m^2$
基价(元)				**31.39**	**36.46**	**41.15**
其中	人工费(元)			28.00	30.63	34.50
	材料费(元)			0.82	3.26	3.65
	机械费(元)			2.57	2.57	3.00
名称		单位	单价(元)	消耗量		
人工	一类人工	工日	125.00	0.224	0.245	0.276
材料	肥料	kg	0.25	0.719	0.784	0.887
	药剂	kg	25.86	0.018	0.019	0.021
	水	m^3	4.27	0.032	0.564	0.637
	其他材料费	元	1.00	0.040	0.160	0.170
机械	洒水车 4 000L	台班	428.87	0.006	0.006	0.007

五、球形植物

工作内容:中耕施肥、整地除草、修剪、防病除害、加土扶正、清除枯枝、环境清理、灌溉排水等。 **计量单位:**10 株

定额编号				3-69	3-70	3-71	3-72	3-73
项目				球形植物				
				蓬径(cm)				
				60 以内	100 以内	150 以内	200 以内	250 以内
基价(元)				**26.20**	**41.40**	**61.88**	**96.47**	**140.92**
其中	人工费(元)			14.25	20.50	38.50	70.25	112.00
	材料费(元)			4.66	8.46	9.23	10.78	11.77
	机械费(元)			7.29	12.44	14.15	15.44	17.15
名称		单位	单价(元)	消耗量				
人工	一类人工	工日	125.00	0.114	0.164	0.308	0.562	0.896
材料	肥料	kg	0.25	1.291	2.214	2.460	2.734	3.038
	药剂	kg	25.86	0.123	0.237	0.263	0.292	0.325
	水	m^3	4.27	0.207	0.318	0.318	0.475	0.475
	其他材料费	元	1.00	0.270	0.420	0.460	0.520	0.580
机械	洒水车 4 000L	台班	428.87	0.017	0.029	0.033	0.036	0.040

工作内容:中耕施肥、整地除草、修剪、防病除害、加土扶正、清除枯枝、环境清理、灌溉排水等。 计量单位:10 株

定额编号				3-74	3-75	3-76
项目				球形植物		
				蓬径(cm)		
				300 以内	350 以内	350 以上
基价(元)				**186.20**	**244.75**	**321.07**
其中	人工费(元)			153.88	209.25	281.25
	材料费(元)			13.45	14.49	17.09
	机械费(元)			18.87	21.01	22.73
名称		单位	单价(元)	消耗量		
人工	一类人工	工日	125.00	1.231	1.674	2.250
材料	肥料	kg	0.25	3.341	3.675	4.043
	药剂	kg	25.86	0.358	0.393	0.432
	水	m^3	4.27	0.634	0.634	0.961
	其他材料费	元	1.00	0.650	0.700	0.800
机械	洒水车 4 000L	台班	428.87	0.044	0.049	0.053

六、花卉

工作内容:中耕施肥、整地除草、防病除害、清除枯枝、环境清理、灌溉排水等。 计量单位:$10m^2$

定额编号				3-77
项目				花卉
				球根、宿根
基价(元)				**12.95**
其中	人工费(元)			3.50
	材料费(元)			6.02
	机械费(元)			3.43
名称		单位	单价(元)	消耗量
人工	一类人工	工日	125.00	0.028
材料	肥料	kg	0.25	1.908
	药剂	kg	25.86	0.024
	水	m^3	4.27	1.112
	其他材料费	元	1.00	0.170
机械	洒水车 4 000L	台班	428.87	0.008

七、攀 援 植 物

工作内容：中耕施肥、整地除草、修剪、防病除害、加土扶正、清除枯枝、环境清理、灌溉排水等。　　**计量单位**：$10m^2$

定额编号					3-78
项目					攀援植物 覆盖面积
基价（元）					**57.55**
其中	人工费（元）				45.00
	材料费（元）				4.83
	机械费（元）				7.72
名称		单位	单价(元)		消耗量
人工	一类人工	工日	125.00		0.360
材料	肥料	kg	0.25		1.030
	药剂	kg	25.86		0.138
	水	m^3	4.27		0.182
	其他材料费	元	1.00		0.230
机械	洒水车 4 000L	台班	428.87		0.018

八、地 被 植 物

工作内容：中耕施肥、整地除草、修剪、防病除害、清除枯枝、分株移植、环境清理、灌溉排水等。　　**计量单位**：$10m^2$

定额编号					3-79
项目					地被植物 覆盖面积
基价（元）					**14.44**
其中	人工费（元）				2.38
	材料费（元）				6.06
	机械费（元）				6.00
名称		单位	单价(元)		消耗量
人工	一类人工	工日	125.00		0.019
材料	肥料	kg	0.25		0.954
	药剂	kg	25.86		0.097
	水	m^3	4.27		0.715
	其他材料费	元	1.00		0.260
机械	洒水车 4 000L	台班	428.87		0.014

九、草　坪

工作内容:整地镇压、割草修边、草屑清除、挑除杂草、空秃补植、加土施肥、灌溉排水、防病除害、环境清理、打孔复播。

计量单位:10m²

定额编号				3-80	3-81	3-82
项目				草坪		
				暖地型	冷地型	混合型
基价(元)				**37.38**	**49.38**	**63.62**
其中	人工费(元)			29.00	37.75	53.75
	材料费(元)			2.80	3.48	3.44
	机械费(元)			5.58	8.15	6.43
名称		单位	单价(元)	消耗量		
人工	一类人工	工日	125.00	0.232	0.302	0.430
材料	肥料	kg	0.25	1.065	1.278	1.078
	药剂	kg	25.86	0.018	0.026	0.022
	水	m³	4.27	0.453	0.544	0.572
	其他材料费	元	1.00	0.130	0.170	0.160
机械	洒水车 4 000L	台班	428.87	0.013	0.019	0.015

注:混合型复播按一年两次考虑。

十、水生植物

工作内容:清除枯叶、分株复壮、修根翻盆、调整移植等。

计量单位:见表

定额编号				3-83	3-84	3-85
项目				水生植物		
				塘植	盆(缸)植	浮岛
计量单位				10m²	10盆(缸)	10m²
基价(元)				**37.27**	**78.97**	**41.89**
其中	人工费(元)			32.50	71.88	38.13
	材料费(元)			4.77	7.09	3.76
	机械费(元)			—	—	—
名称		单位	单价(元)	消耗量		
人工	一类人工	工日	125.00	0.260	0.575	0.305
材料	肥料	kg	0.25	1.373	1.922	—
	药剂	kg	25.86	0.162	0.242	0.138
	其他材料费	元	1.00	0.240	0.350	0.190

第四章
其他绿化养护

说　　明

一、本章定额子目包括其他绿地养护、行道树养护、容器植物养护、垂直绿化养护、高架桥挂箱绿化养护、古树名木养护和时花养护七个小节。其他绿地养护，包括绿地松土、施肥、冬翻、杂草控制、绿地恶性杂草清除、垄沟清理、保洁、药剂防治；行道树养护，包括行道树的一级养护、二级养护和三级养护；容器植物养护，包括盆栽植物和箱栽植物的养护、容器植物进出场台班运输；垂直绿化养护，包括附壁式、立体式两种形式的绿化养护；高架桥挂箱绿化养护单独成节；古树名木养护，包括不同树龄古树名木养护；时花养护，包括种植和养护。

二、本章内容适用于园林绿化养护等级（一级、二级、三级）以外的，以自然生态为主零星绿地养护，如防护绿地、风景林地等，不包括林业部门管辖的绿地。行道树养护定额子目的养护适用于园林绿化养护等级（一级、二级、三级）的标准。

三、项目说明：

1. 其他绿地养护。

（1）绿地松土：每年在春季、秋季松土两次，松土深度必须在6cm以上。松土次数一次的，按定额乘以系数0.5计算。

（2）绿地施肥：按每年冬季施肥一次编制。肥料推荐有机肥。

（3）绿地冬翻：定额按翻土深度20～30cm编制。

（4）绿地一般草地控制：指根系浅、容易清除的杂草。一般高度大于30cm时应进行修剪。修剪次数定额按每年四次考虑，不足四次，定额可按相应次数比例采用乘以系数的方法调整。

（5）绿地恶性杂草清除：指对根系深、难以清除的杂草及时进行清除，以减少对植物生长的影响。恶性杂草清除定额按每年四次考虑，不足四次，定额可按相应次数比例采用乘以系数的方法调整。

（6）绿地垄沟清理：指绿地内为排水而开设的沟渠，一般深度不大于40cm。包括对垄沟及土沟的清淤、边坡维护等工作内容。

（7）绿地保洁：指养护绿地内的环境清洁，落叶垃圾的捡拾、收集，并定点集中堆放工作。

（8）绿地药剂防治：为保护绿地植物生长，采用喷洒药剂的方法，包括防治药剂的储运、配置和喷洒工作。

（9）绿地人工防治：为保护绿地植物的生长，采用人工捕捉有害成虫，及时摘除病灶、修剪被危害的树枝、树干的一种方法。

（10）伐枝木处理包括废枝收集、粉碎、林内装车、场内运输处理。若需外运处理，根据实际情况另行计算。

2. 行道树养护。

（1）行道树是指种在道路旁及分车带，给车辆和行人遮阴并构成街景的树木。定额分为常绿乔木养护和落叶乔木养护。

（2）本定额项目行道树根据养护等级划分成一级养护、二级养护和三级养护，又按胸径大小划分为10cm以内、20cm以内、30cm以内、40cm以内、60cm以内、80cm以内六种规格。

（3）双排的行道树养护套用本定额其他章节定额子目。

3. 容器植物养护：指养护以盆式或箱式为载体进行园林植物栽植的形式。

（1）盆式植物养护：按照盆口内径尺寸分为20cm以内、30cm以内、40cm以内、50cm以内、60cm以内、70cm以内、80cm以内、100cm以内八个档次。盆式植物进出场台班运输根据盆口内径尺寸分为

30cm以内、60cm以内、60cm以上三个档次。

(2)箱体植物养护:按照箱体外口尺寸分为100cm×100cm以内、150cm×150cm以内、200cm×200cm以内、250cm×250cm以内、300cm×300cm以内、350cm×350cm以内六个档次。箱体植物进出场台班运输根据箱体外口尺寸分为100cm×100cm以内、200cm×200cm以内、200cm×200cm以上三个档次。

4. 垂直绿化养护。

(1)垂直绿化养护分为附壁式和立体式两种形式,并且按照垂直高度在3.6m以内和在3.6m以上分列定额子目。

(2)垂直绿化养护项目按照人工浇灌方式编制。若采用自动浇灌设施的养护,则其养护人工消耗量乘以系数0.75,其他不变。

5. 高架桥挂箱绿化养护。

在高架、立交桥的桥体上固定及放置挂箱,由挂箱底座(或框架)和种植箱组成,在种植箱内放置轻质种植土、保水剂和缓释肥,在箱内种植小灌木或藤本植物等,并且采用滴灌系统浇灌的绿化方式,称为高架桥挂箱绿化,详见《高架桥挂箱绿化种植与养护技术规范》DB 3301/T 0224-2017。高架桥挂箱绿化养护定额根据《高架桥挂箱绿化种植与养护技术规范》DB 3301/T 0224-2017要求进行的养护管理编制。本定额子目工作内容包括相关设施的维护。

6. 古树名木养护。

(1)古树养护按树龄分为100年以上、300年以上、500年以上三种规格。

(2)名木指珍贵、稀有或具有历史科学文化价值,以及具有重要纪念意义的树木,包括历史和现代名人种植的树木,或具有历史事件、传说及神话故事的树木。若名木树龄少于100年,按照树龄在100年以上古树名木养护套用定额。

(3)树龄小于100年的普通树木,需要按照古树名木要求进行养护管理时,套用古树名木养护100年以上相应定额子目乘以系数0.84执行。

(4)本定额中的古树名木养护子目是按照正常施工条件下的树木养护考虑的。若古树名木复壮(包括上树修剪、树洞修补、种植土改良等)、迁移等,依据专家论证的专项方案,另行列项计算。

7. 时花养护。

(1)时花指应季节而开花的一、二年生花卉。从播种到新种子成熟的生命周期在一年之内完成。每年多次整体换花,成片栽植。主要在重大节日庆典布置,或者在重要节点位置布置。

(2)本定额列有一次种植定额子目和一年养护定额子目,若设计要求多次种植的,按照相应种植定额子目乘以种植次数换算。

四、其他说明。

1. 屋顶绿化养护参照相应绿地养护等级套用定额子目,并对其定额子目消耗量调整如下:

(1)人工浇灌项目。

①人工消耗量在相应绿地养护等级定额子目的基础上乘以系数1.25。

②用水消耗量在相应绿地养护等级定额子目的基础上乘以系数1.50。

③其他工料机不做调整。

(2)自动浇灌养护。

①人工消耗量在相应绿地养护等级定额子目的基础上乘以系数0.75。

②用水消耗量在相应绿地养护等级定额子目的基础上乘以系数1.30。

③其他工料机不做调整。

2. 本章定额中未包括因养护需要新增苗木、花卉等的材料费用。垂直绿化中的更换植物费用不包括在项目中。

工程量计算规则

一、其他绿地养护:除了伐枝木处理按实际数量以“t”计算外,其余均按绿地实际养护面积以“m^2”计算。

二、行道树养护均按实际养护数量以“株”计算。

三、容器植物养护以“盆/天”为单位计算,容器植物进出场台班运输以“盆/次”为单位计算。箱体植物养护以“只/天”为单位计算,箱体植物进出场台班运输以“只/次”为单位计算。

四、附壁式垂直绿化按覆盖面积以“m^2”计算,立体式垂直绿化按展开面积以“m^2”计算。

五、高架桥挂箱绿化养护按实际养护的箱体数量以“m”为单位计算。

六、古树名木养护以“株”为单位计算。

七、时花种植按实际种植次数及种植面积以“m^2”为单位计算。时花养护按实际养护面积以“m^2”为单位计算。

一、其他绿地养护

工作内容:松土,翻耕、地表平整,垄沟、清理。 **计量单位:**1 000m^2

定额编号				4-1	4-2	4-3
项目				绿地松土	绿地冬翻	绿地垄沟清理
基价(元)				**219.88**	**375.00**	**115.75**
其中	人工费(元)			219.88	375.00	115.75
	材料费(元)			—	—	—
	机械费(元)			—	—	—
名称		单位	单价(元)	消耗量		
人工	一类人工	工日	125.00	1.759	3.000	0.926

工作内容:肥料场内运输、施肥、地面平整。 **计量单位:**1 000m^2

定额编号				4-4
项目				绿地施肥
基价(元)				**109.53**
其中	人工费(元)			57.88
	材料费(元)			41.31
	机械费(元)			10.34
名称		单位	单价(元)	消耗量
人工	一类人工	工日	125.00	0.463
材料	肥料	kg	0.25	165.230
机械	载货汽车 4t	台班	369.21	0.028

工作内容：清除杂草、垃圾收集、定点堆放。　　　　计量单位：1 000m²

定额编号				4-5	4-6
项目				绿地一般草地控制	绿地恶性杂草清除
基价（元）				**238.53**	**393.13**
其中	人工费（元）			236.13	393.13
	材料费（元）			—	—
	机械费（元）			2.40	—
名称		单位	单价(元)	消耗量	
人工	一类人工	工日	125.00	1.889	3.145
机械	草坪剪草机	台班	13.39	0.179	—

工作内容：药剂储运、配置、喷洒，人工捕捉、摘除病灶、修剪病虫枝。　　　　计量单位：1 000m²

定额编号				4-7	4-8
项目				绿地药剂防治	绿地人工防治
基价（元）				**302.42**	**173.63**
其中	人工费（元）			187.50	173.63
	材料费（元）			114.92	—
	机械费（元）			—	—
名称		单位	单价(元)	消耗量	
人工	一类人工	工日	125.00	1.500	1.389
材料	药剂	kg	25.86	4.444	—

工作内容:林木枝条修剪、清理、场内运输、集中堆放。　　　　计量单位:见表

定额编号				4-9	4-10	4-11
项目				其他绿地养护		
				林木修枝	林木间伐	伐枝木处理
计量单位				1 000m²		t
基价(元)				**213.81**	**158.40**	**256.94**
其中	人工费(元)			208.38	151.00	94.50
	材料费(元)			—	—	—
	机械费(元)			5.43	7.40	162.44
名称		单位	单价(元)	消耗量		
人工	一类人工	工日	125.00	1.667	1.208	0.756
机械	油锯	台班	8.00	0.679	0.925	—
	林木粉碎机	台班	246.35	—	—	0.541
	载货汽车 4t	台班	369.21	—	—	0.079

工作内容:清洁、垃圾收集、定点堆放。　　　　计量单位:1 000m²

定额编号				4-12
项目				其他绿地养护
				绿地保洁
基价(元)				**549.63**
其中	人工费(元)			549.63
	材料费(元)			—
	机械费(元)			—
名称		单位	单价(元)	消耗量
人工	一类人工	工日	125.00	4.397

二、行道树养护

工作内容:中耕施肥、整地除草、修剪剥芽、树桩维护、防病除害、加土扶正、清除枯枝、环境清理、浇水排水等。

计量单位:10 株

定额编号				4-13	4-14	4-15
项目				行道树一级养护		
				常绿乔木胸径(cm)		
				10 以内	20 以内	30 以内
基价(元)				**266.55**	**484.61**	**745.40**
其中	人工费(元)			213.63	422.75	673.50
	材料费(元)			19.04	24.55	30.30
	机械费(元)			33.88	37.31	41.60
名称		单位	单价(元)	消耗量		
人工	一类人工	工日	125.00	1.709	3.382	5.388
材料	肥料	kg	0.25	5.573	5.832	6.480
	药剂	kg	25.86	0.514	0.572	0.635
	水	m^3	4.27	0.802	1.684	2.566
	其他材料费	元	1.00	0.930	1.110	1.300
机械	洒水车 4 000L	台班	428.87	0.079	0.087	0.097

工作内容:中耕施肥、整地除草、修剪剥芽、树桩维护、防病除害、加土扶正、清除枯枝、环境清理、浇水排水等。

计量单位:10 株

定额编号				4-16	4-17	4-18
项目				行道树一级养护		
				常绿乔木胸径(cm)		
				40 以内	60 以内	80 以内
基价(元)				**1 011.06**	**1 315.33**	**1 973.10**
其中	人工费(元)			929.00	1 211.25	1 816.75
	材料费(元)			36.17	53.90	80.87
	机械费(元)			45.89	50.18	75.48
名称		单位	单价(元)	消耗量		
人工	一类人工	工日	125.00	7.432	9.690	14.534
材料	肥料	kg	0.25	7.128	7.841	11.761
	药剂	kg	25.86	0.699	0.768	1.152
	水	m^3	4.27	3.471	7.057	10.586
	其他材料费	元	1.00	1.490	1.950	2.940
机械	洒水车 4 000L	台班	428.87	0.107	0.117	0.176

工作内容:中耕施肥、整地除草、修剪剥芽、树桩维护、防病除害、加土扶正、清除枯枝、环境清理、浇水排水等。

计量单位:10 株

定额编号				4-19	4-20	4-21
项目				行道树一级养护		
				落叶乔木胸径(cm)		
				10 以内	20 以内	30 以内
基价(元)				**294.28**	**533.26**	**819.60**
其中	人工费(元)			235.00	465.00	740.88
	材料费(元)			19.82	24.52	30.26
	机械费(元)			39.46	43.74	48.46
名称		单位	单价(元)	消耗量		
人工	一类人工	工日	125.00	1.880	3.720	5.927
材料	肥料	kg	0.25	6.299	6.998	7.776
	药剂	kg	25.86	0.561	0.624	0.693
	水	m^3	4.27	0.642	1.283	2.117
	其他材料费	元	1.00	1.000	1.160	1.360
机械	洒水车 4 000L	台班	428.87	0.092	0.102	0.113

工作内容:中耕施肥、整地除草、修剪剥芽、树桩维护、防病除害、加土扶正、清除枯枝、环境清理、浇水排水等。

计量单位:10 株

定额编号				4-22	4-23	4-24
项目				行道树一级养护		
				落叶乔木胸径(cm)		
				40 以内	60 以内	80 以内
基价(元)				**1 111.02**	**1 449.96**	**2 174.77**
其中	人工费(元)			1 021.88	1 341.13	2 011.75
	材料费(元)			35.53	50.07	75.10
	机械费(元)			53.61	58.76	87.92
名称		单位	单价(元)	消耗量		
人工	一类人工	工日	125.00	8.175	10.729	16.094
材料	肥料	kg	0.25	8.554	9.409	14.112
	药剂	kg	25.86	0.762	0.838	1.256
	水	m^3	4.27	2.842	5.646	8.470
	其他材料费	元	1.00	1.550	1.940	2.920
机械	洒水车 4 000L	台班	428.87	0.125	0.137	0.205

工作内容：中耕施肥、整地除草、修剪剥芽、树桩维护、防病除害、加土扶正、清除枯枝、环境清理、浇水排水等。

计量单位：10 株

定额编号				4-25	4-26	4-27
项目				行道树二级养护		
				常绿乔木胸径(cm)		
				10 以内	20 以内	30 以内
基价（元）				**199.84**	**363.72**	**559.15**
其中	人工费（元）			160.25	317.00	505.13
	材料费（元）			14.29	18.41	22.71
	机械费（元）			25.30	28.31	31.31
名称		单位	单价(元)	消耗量		
人工	一类人工	工日	125.00	1.282	2.536	4.041
材料	肥料	kg	0.25	4.180	4.374	4.860
	药剂	kg	25.86	0.386	0.429	0.476
	水	m^3	4.27	0.601	1.263	1.925
	其他材料费	元	1.00	0.700	0.830	0.970
机械	洒水车 4 000L	台班	428.87	0.059	0.066	0.073

工作内容：中耕施肥、整地除草、修剪剥芽、树桩维护、防病除害、加土扶正、清除枯枝、环境清理、浇水排水等。

计量单位：10 株

定额编号				4-28	4-29	4-30
项目				行道树二级养护		
				常绿乔木胸径(cm)		
				40 以内	60 以内	80 以内
基价（元）				**758.18**	**986.67**	**1 479.90**
其中	人工费（元）			696.75	908.50	1 362.63
	材料费（元）			27.12	40.43	60.66
	机械费（元）			34.31	37.74	56.61
名称		单位	单价(元)	消耗量		
人工	一类人工	工日	125.00	5.574	7.268	10.901
材料	肥料	kg	0.25	5.346	5.881	8.821
	药剂	kg	25.86	0.524	0.576	0.864
	水	m^3	4.27	2.603	5.293	7.940
	其他材料费	元	1.00	1.120	1.460	2.210
机械	洒水车 4 000L	台班	428.87	0.080	0.088	0.132

工作内容:中耕施肥、整地除草、修剪剥芽、树桩维护、防病除害、加土扶正、清除枯枝、环境清理、浇水排水等。

计量单位:10 株

定额编号				4-31	4-32	4-33
项目				行道树二级养护		
				落叶乔木胸径(cm)		
				10 以内	20 以内	30 以内
基价(元)				**220.69**	**400.16**	**614.76**
其中	人工费(元)			176.25	348.75	555.63
	材料费(元)			14.85	18.39	22.68
	机械费(元)			29.59	33.02	36.45
	名称	单位	单价(元)	消耗量		
人工	一类人工	工日	125.00	1.410	2.790	4.445
材料	肥料	kg	0.25	4.724	5.249	5.832
	药剂	kg	25.86	0.420	0.468	0.519
	水	m^3	4.27	0.481	0.962	1.588
	其他材料费	元	1.00	0.750	0.870	1.020
机械	洒水车 4 000L	台班	428.87	0.069	0.077	0.085

工作内容:中耕施肥、整地除草、修剪剥芽、树桩维护、防病除害、加土扶正、清除枯枝、环境清理、浇水排水等。

计量单位:10 株

定额编号				4-34	4-35	4-36
项目				行道树二级养护		
				落叶乔木胸径(cm)		
				40 以内	60 以内	80 以内
基价(元)				**833.35**	**1 087.59**	**1 631.25**
其中	人工费(元)			766.38	1 005.88	1 508.88
	材料费(元)			26.66	37.54	56.32
	机械费(元)			40.31	44.17	66.05
	名称	单位	单价(元)	消耗量		
人工	一类人工	工日	125.00	6.131	8.047	12.071
材料	肥料	kg	0.25	6.415	7.057	10.584
	药剂	kg	25.86	0.572	0.628	0.942
	水	m^3	4.27	2.132	4.234	6.352
	其他材料费	元	1.00	1.160	1.460	2.190
机械	洒水车 4 000L	台班	428.87	0.094	0.103	0.154

工作内容：中耕施肥、整地除草、修剪剥芽、树桩维护、防病除害、加土扶正、清除枯枝、环境清理、浇水排水等。

计量单位：10株

定额编号				4-37	4-38	4-39
项目				行道树三级养护		
				常绿乔木胸径(cm)		
				10以内	20以内	30以内
基价（元）				**149.82**	**272.57**	**419.50**
其中	人工费（元）			120.25	237.75	378.88
	材料费（元）			10.70	13.81	17.03
	机械费（元）			18.87	21.01	23.59
名称		单位	单价(元)	消耗量		
人工	一类人工	工日	125.00	0.962	1.902	3.031
材料	肥料	kg	0.25	3.135	3.281	3.645
	药剂	kg	25.86	0.289	0.322	0.357
	水	m^3	4.27	0.451	0.947	1.443
	其他材料费	元	1.00	0.520	0.620	0.730
机械	洒水车4 000L	台班	428.87	0.044	0.049	0.055

工作内容：中耕施肥、整地除草、修剪剥芽、树桩维护、防病除害、加土扶正、清除枯枝、环境清理、浇水排水等。

计量单位：10株

定额编号				4-40	4-41	4-42
项目				行道树三级养护		
				常绿乔木胸径(cm)		
				40以内	60以内	80以内
基价（元）				**568.57**	**740.01**	**1 109.83**
其中	人工费（元）			522.50	681.38	1 021.88
	材料费（元）			20.34	30.32	45.49
	机械费（元）			25.73	28.31	42.46
名称		单位	单价(元)	消耗量		
人工	一类人工	工日	125.00	4.180	5.451	8.175
材料	肥料	kg	0.25	4.010	4.410	6.616
	药剂	kg	25.86	0.393	0.432	0.648
	水	m^3	4.27	1.952	3.969	5.955
	其他材料费	元	1.00	0.840	1.100	1.650
机械	洒水车4 000L	台班	428.87	0.060	0.066	0.099

工作内容:中耕施肥、整地除草、修剪剥芽、树桩维护、防病除害、加土扶正、清除枯枝、环境清理、浇水排水等。

计量单位:10 株

定额编号					4-43	4-44	4-45
项目					行道树三级养护		
					落叶乔木胸径(cm)		
					10 以内	20 以内	30 以内
基价(元)					**165.25**	**299.74**	**461.23**
其中	人工费(元)				132.25	261.50	416.75
	材料费(元)				11.13	13.79	17.03
	机械费(元)				21.87	24.45	27.45
名称			单位	单价(元)	消耗量		
人工	一类人工		工日	125.00	1.058	2.092	3.334
材料	肥料		kg	0.25	3.543	3.937	4.374
	药剂		kg	25.86	0.315	0.351	0.390
	水		m^3	4.27	0.361	0.722	1.191
	其他材料费		元	1.00	0.560	0.650	0.770
机械	洒水车 4 000L		台班	428.87	0.051	0.057	0.064

工作内容:中耕施肥、整地除草、修剪剥芽、树桩维护、防病除害、加土扶正、清除枯枝、环境清理、浇水排水等。

计量单位:10 株

定额编号					4-46	4-47	4-48
项目					行道树三级养护		
					落叶乔木胸径(cm)		
					40 以内	60 以内	80 以内
基价(元)					**624.76**	**815.55**	**1 223.20**
其中	人工费(元)				574.75	754.38	1 131.63
	材料费(元)				19.99	28.15	42.25
	机械费(元)				30.02	33.02	49.32
名称			单位	单价(元)	消耗量		
人工	一类人工		工日	125.00	4.598	6.035	9.053
材料	肥料		kg	0.25	4.811	5.293	7.938
	药剂		kg	25.86	0.429	0.471	0.707
	水		m^3	4.27	1.599	3.176	4.764
	其他材料费		元	1.00	0.870	1.090	1.640
机械	洒水车 4 000L		台班	428.87	0.070	0.077	0.115

三、容器植物养护

工作内容：浇水、施肥、修剪、换盆、摆放等。　　　**计量单位：**10 盆/天

定额编号				4-49	4-50	4-51	4-52
项目				盆栽植物养护			
				盆口内径(cm)			
				20 以内	30 以内	40 以内	50 以内
基价（元）				**3.15**	**3.77**	**4.69**	**4.85**
其中	人工费（元）			1.75	2.13	2.38	2.75
	材料费（元）			1.40	1.64	1.88	2.10
	机械费（元）			—	—	0.43	—
名称		单位	单价(元)	消耗量			
人工	一类人工	工日	125.00	0.014	0.017	0.019	0.022
材料	肥料	kg	0.25	0.005	0.006	0.007	0.015
	药剂	kg	25.86	0.052	0.061	0.070	0.078
	水	m^3	4.27	0.003	0.003	0.004	0.004
	其他材料费	元	1.00	0.040	0.050	0.050	0.060
机械	洒水车 4 000L	台班	428.87	—	—	0.001	—

工作内容：浇水、施肥、修剪、换盆、摆放等。　　　**计量单位：**10 盆/天

定额编号				4-53	4-54	4-55	4-56
项目				盆栽植物养护			
				盆口内径(cm)			
				60 以内	70 以内	80 以内	100 以内
基价（元）				**6.67**	**7.76**	**8.84**	**9.80**
其中	人工费（元）			3.50	4.13	4.75	5.25
	材料费（元）			2.74	3.20	3.66	4.12
	机械费（元）			0.43	0.43	0.43	0.43
名称		单位	单价(元)	消耗量			
人工	一类人工	工日	125.00	0.028	0.033	0.038	0.042
材料	肥料	kg	0.25	0.020	0.023	0.026	0.030
	药剂	kg	25.86	0.102	0.119	0.136	0.153
	水	m^3	4.27	0.005	0.006	0.007	0.008
	其他材料费	元	1.00	0.080	0.090	0.110	0.120
机械	洒水车 4 000L	台班	428.87	0.001	0.001	0.001	0.001

工作内容:盆栽植物装车、运输、卸车及摆放等。 **计量单位:**10 盆/次

定额编号				4-57	4-58	4-59
项目				盆栽植物进出场台班运输		
				盆口内径(cm)		
				30 以内	60 以内	60 以上
基价(元)				**5.33**	**17.00**	**27.54**
其中	人工费(元)			2.75	8.88	14.25
	材料费(元)			—	—	—
	机械费(元)			2.58	8.12	13.29
名称		单位	单价(元)	消耗量		
人工	一类人工	工日	125.00	0.022	0.071	0.114
机械	载货汽车 4t	台班	369.21	0.007	0.022	0.036

注:若发生进场、出场,按两次计算工程量。

工作内容:浇水、施肥、修剪、换盆、摆放等。 **计量单位:**10 只/天

定额编号				4-60	4-61	4-62	4-63
项目				箱栽植物养护			
				箱体口外尺寸(cm)			
				100×100 以内	150×150 以内	200×200 以内	250×250 以内
基价(元)				**22.87**	**33.28**	**35.17**	**44.44**
其中	人工费(元)			2.00	4.50	5.38	6.75
	材料费(元)			20.44	27.49	28.50	35.97
	机械费(元)			0.43	1.29	1.29	1.72
名称		单位	单价(元)	消耗量			
人工	一类人工	工日	125.00	0.016	0.036	0.043	0.054
材料	肥料	kg	0.25	0.591	1.312	2.530	4.490
	药剂	kg	25.86	0.760	1.016	1.041	1.302
	水	m^3	4.27	0.009	0.020	0.027	0.031
	其他材料费	元	1.00	0.600	0.800	0.830	1.050
机械	洒水车 4 000L	台班	428.87	0.001	0.003	0.003	0.004

工作内容:浇水、施肥、修剪、换盆、摆放等。 计量单位:10 只/天

定额编号				4-64	4-65
项目				箱栽植物养护	
				箱体口外尺寸(cm)	
				300×300 以内	350×350 以内
基价(元)				**52.11**	**59.45**
其中	人工费(元)			7.88	9.13
	材料费(元)			42.09	48.18
	机械费(元)			2.14	2.14
名称		单位	单价(元)	消耗量	
人工	一类人工	工日	125.00	0.063	0.073
材料	肥料	kg	0.25	5.255	6.016
	药剂	kg	25.86	1.523	1.744
	水	m^3	4.27	0.037	0.042
	其他材料费	元	1.00	1.230	1.400
机械	洒水车 4 000L	台班	428.87	0.005	0.005

工作内容:箱体及植物装车、运输、卸车及摆放等。 计量单位:10 只/次

定额编号				4-66	4-67	4-68
项目				箱体及植物进出场台班运输		
				箱体口外尺寸(cm)		
				100×100 以内	200×200 以内	200×200 以上
基价(元)				**322.10**	**919.84**	**1 517.84**
其中	人工费(元)			44.63	127.25	210.13
	材料费(元)			—	—	—
	机械费(元)			277.47	792.59	1 307.71
名称		单位	单价(元)	消耗量		
人工	一类人工	工日	125.00	0.357	1.018	1.681
机械	载货汽车 4t	台班	369.21	0.223	0.637	1.051
	汽车式起重机 16t	台班	875.04	0.223	0.637	1.051

注:若发生进场、出场,按两次计算工程量。

四、垂直绿化养护

工作内容:浇水、施肥、清除杂草、植物保护、设备检查、维护等。　　计量单位:m^2

定额编号				4-69	4-70	4-71	4-72
项目				垂直绿化养护			
				高度在3.6m以内		高度在3.6m以上	
				附壁式	立体式	附壁式	立体式
基价(元)				**29.39**	**36.32**	**36.53**	**44.99**
其中	人工费(元)			13.75	17.00	17.25	21.25
	材料费(元)			15.64	19.32	15.64	19.32
	机械费(元)			—	—	3.64	4.42
名称		单位	单价(元)	消耗量			
人工	一类人工	工日	125.00	0.110	0.136	0.138	0.170
材料	肥料	kg	0.25	0.332	0.411	0.332	0.411
	药剂	kg	25.86	0.565	0.698	0.565	0.698
	水	m^3	4.27	0.115	0.142	0.115	0.142
	其他材料费	元	1.00	0.460	0.560	0.460	0.560
机械	平台作业升降车9m	台班	259.85	—	—	0.014	0.017

五、高架桥挂箱绿化养护

工作内容:浇水、施肥、清除杂草、植物保护、挂箱保洁、修剪促花、设备检查、维护等。　　计量单位:10m

定额编号				4-73
项目				高架桥挂箱绿化养护
				花箱尺寸(cm)
				84(长度)×28(宽度)
基价(元)				**519.92**
其中	人工费(元)			247.00
	材料费(元)			260.83
	机械费(元)			12.09
名称		单位	单价(元)	消耗量
人工	一类人工	工日	125.00	1.976
材料	肥料	kg	0.25	81.600
	药剂	kg	25.86	0.233
	水	m^3	4.27	8.058
	设备材料费	元	1.00	200.000
机械	汽车式起重机5t	台班	366.47	0.033

六、古树名木养护

工作内容：浇水排水、松土除草、土壤施肥、根外施肥、地面(表)绿化、古树日常修剪、生物防控、设施维护、日常巡查。

计量单位：株

定额编号				4-74	4-75	4-76
项目				古树名木养护		
				树龄在100年以上	树龄在300年以上	树龄在500年以上
基价（元）				**2 037.98**	**2 316.92**	**2 649.47**
其中	人工费（元）			976.38	1 122.88	1 269.38
	材料费（元）			944.36	1 059.23	1 227.35
	机械费（元）			117.24	134.81	152.74
名称		单位	单价(元)	消耗量		
人工	一类人工	工日	125.00	7.811	8.983	10.155
材料	草绳	kg	1.12	5.917	6.804	7.692
	木砂纸	张	1.03	1.026	1.180	1.334
	普通硅酸盐水泥 P·O 42.5 综合	kg	0.34	62.312	0.072	81.006
	黄砂 净砂(中粗砂)	t	102.00	0.156	0.179	0.203
	蒸压灰砂砖 240×115×53	千块	371.00	0.011	0.011	0.014
	乳胶漆	kg	15.52	2.161	2.486	2.810
	红丹防锈漆	kg	6.90	1.081	1.243	1.405
	熟桐油	kg	11.17	0.739	0.850	0.960
	UPVC 双壁波纹排水管 *DN*150	m	17.24	0.581	0.669	0.756
	橡胶管 综合	m	10.34	1.339	1.540	1.741
	地被植物	m^2	—	(5.192)	(5.971)	(6.749)
	肥料	kg	0.25	30.184	34.711	39.239
	除草剂	瓶	5.70	0.935	1.075	1.215
	杀虫药水	kg	13.81	1.813	2.085	2.356
	防控药水	kg	13.81	1.026	1.180	1.334
	伤口涂补剂	瓶	18.99	0.932	1.043	1.200
	水	m^3	4.27	10.520	12.098	13.676
	钢支撑架	m^2	45.00	14.727	16.936	19.145
	其他材料费	元	1.00	44.970	50.440	58.450
机械	载货汽车 2t	台班	305.93	0.131	0.151	0.171
	载货汽车 4t	台班	369.21	0.209	0.240	0.272

七、时 花 养 护

工作内容:放样栽植、浇水保墒、清理,浇水排水、施肥、松土除草、除虫保洁、调整移植。 **计量单位**:$10m^2$

定额编号				4-77	4-78
项目				时花	
				一次种植	一年养护
基价(元)				**114.24**	**33.96**
其中	人工费(元)			111.25	9.13
	材料费(元)			2.99	15.82
	机械费(元)			—	9.01
名称		单位	单价(元)	消耗量	
人工	一类人工	工日	125.00	0.890	0.073
材料	肥料	kg	0.25	—	5.025
	药剂	kg	25.86	—	0.062
	水	m^3	4.27	0.700	2.928
	其他材料费	元	1.00	—	0.460
机械	洒水车 4 000L	台班	428.87	—	0.021

注:时花一次种植定额子目种植密度按照 49 盆/m^2 考虑。

第五章
建筑、小品维护

说 明

一、本章定额包括建筑维护、小品维护及其他零星维护等。建筑维护包括现代建筑的办公用房、辅助用房、餐厅、展示用房、售票等及古典建筑的亭、廊、水榭、殿、牌楼、塔等项目。小品维护包括花架廊、假山、墙体、驳岸、护坡、石峰、附壁石、花坛石、道路侧石、树穴侧石、零星石构件、园桥、栏杆、园路、广场、围墙等项目。其他零星维护包括雕塑、雕塑基座贴面、树穴盖板、水池底壁维护等项目。

二、建筑维护分为现代建筑维护和古典建筑维护。

1. 现代建筑。

(1)本定额项目根据现代建筑的功能用途划分定额子目，适用于不同结构、材质的办公用房、辅助用房、餐厅、展示用房、售票房、小卖部、饲料加工用房、配电用房(泵房)、仓库(工具间)等现代建筑用房的饰面维护，包括易碎构件(如玻璃)的更换，不包括因地基沉降而造成的结构加固或维修。

(2)建筑形式、楼层、层高、屋面材料等不同，定额中的材料及消耗量均不做调整。

2. 古典建筑。

(1)本定额项目根据古典建筑形制划分定额子目，适用于常规类型、结构、材质的园林各类亭、廊、楼房、平房、水榭、戏台、门厅、阁、桥廊、殿、牌楼、塔、石舫、钟楼、鼓楼、垂花门等古典建筑的饰面维护及瓦片、花边、滴水的检修与归位、易碎构件(如玻璃)的更换，不包括木构件及整体木饰面的更换。

(2)建筑形式、楼层、层高、屋面材料等不同，定额中的材料及消耗量均不做调整。

三、花架廊维护定额项目根据花架廊的结构、材质划分为四个定额子目。

1. 混凝土结构花架廊维护项目适用于钢筋混凝土结构花架，主要是对混凝土柱、混凝土梁表面的维护。

2. 混凝土、木混合结构花架廊维护项目适用于下部混凝土结构、上部木结构的混合结构花架，主要是对混凝土构件和木构件表面的维护，不包括木构件的更换。

3. 钢结构花架维护项目适用于钢结构花架(钢柱、钢梁、钢花架片)，主要是对露明处所有钢构件表面的维护，包括固定配件的维护及更换。

4. 混凝土钢混合结构花架维护项目适用于混凝土、钢混合结构花架，主要是对混凝土构件和露明处所有钢构件表面的维护，包括固定配件的维护及更换。

5. 花架形式高度不同，均不做换算。

四、假山维护定额项目根据假山的类型、结构、材质分为石假山、人工塑造假山、零星假山三个定额子目。

1. 石假山维护项目适用于各种假山石堆叠的湖石假山、黄石假山、斧劈石假山、英石假山等假山维护工程，但不适用人工堆叠的石峰、石笋、土山点石、人工塑造假山以及各种景石的维护。

2. 人工塑造假山维护项目适用于以人工仿造的假山工程，主要指钢骨架假山和砖骨架假山等工程的表面维护，不包括内部支撑结构的维护。

3. 零星假山石维护项目适用于石笋、土点石等项目。

4. 石假山主材材种不同可换算，但其耗用量不变。

5. 人工塑造假山，不论砖骨架假山，钢骨架假山或其他骨架假山，材料及耗用量均不做调整。

6. 景石维护项目套用石假山定额人工、材料、机械乘以系数0.66。土山点(抱)石、散兵石套石假山定额人工、材料、机械乘以系数0.45。

五、墙体维护定额项目根据墙体的类型、材质分为蘑菇墙、毛石墙、砖墙、条石墙四个定额子目。

1. 蘑菇墙维护项目适用于蘑菇石材砌筑的具有观赏性的墙面。

2. 毛石墙维护项目适用于块、片石墙砌筑的具有观赏性的墙面。

3. 砖墙维护项目适用于标准砖(包括青砖)砌筑的具有观赏性的墙面。

4. 条石墙维护项目适用于条石砌筑的具有观赏性的墙面。

六、驳岸、护坡维护定额项目根据驳岸的材质分为条石驳岸、毛石驳岸、自然式护岸三个定额子目。

1. 条石驳岸、毛石驳岸维护项目适用于常规石材材质的驳岸维护。

2. 自然石河岸散驳及花溪护岸等套用自然式护岸定额。

七、石峰、附壁石维护定额项目根据景石的类型、材质分为石峰、附壁石两个定额子目。

1. 石峰维护项目适用于各种石峰类假山石的维护。

2. 附壁石维护项目适用于依附在其他材质(砖、石、混凝土等)上的,用各种假山石堆叠(堆叠和贴面)的维护。

3. 石材材种不同可换算,但其耗用量不变。

4. 附壁石如遇磨光石板面(墙)维护,其人工乘以系数 0.40,其他不变。

八、花坛维护定额项目根据花坛材质不同分为石构件、混凝土构件花坛维护两个定额子目。适用于零星花坛及片状花坛维护。主材不同可换算,但其耗用量不变。石材表面加工不同,不做换算。

九、道路侧石、树穴侧石维护定额项目根据道路侧石材质不同分为混凝土构件侧石、石构件侧石、砖砌侧石三个定额子目。适用于常规道路及树穴的侧石维护。主材不同可换算,但其耗用量不变。石材表面加工不同,不做换算。树穴侧石高度不同,不做换算。

十、零星石构件维护项目。适用于除以上所述外的零星石构件维护。

十一、园桥维护定额项目根据园桥的结构、材质划分为六个定额子目。

1. 石桥维护项目适用于石平桥、石拱桥工程,主要指桥面和接坡面的维护。

2. 混凝土、石混合结构桥维护项目适用于混凝土、石混合结构桥工程,主要指桥面和接坡面的维护。

3. 钢筋混凝土结构桥维护项目适用于钢筋混凝土结构桥,也适用于混合结构桥(混凝土结构钢桥栏、混凝土结构沥青混凝土桥面层),主要指桥栏和桥面层的维护。

4. 钢结构桥维护项目适用于钢结构或木钢混合结构桥(钢梁、钢柱、钢或木栏、木桥面),主要指钢构件和木构件的维护。

5. 混凝土、木混合结构桥维护项目适用于混凝土、木混合结构桥,主要指混凝土构件和木构件的维护。

6. 木桥、木栈桥维护项目适用于木桥和架空的木栈桥,主要指木构件的维护。

十二、栏杆维护定额项目根据栏杆材质不同分为三个定额子目。

1. 混凝土栏杆维护项目适用于混凝土栏杆表面的维护。石质栏杆参照本项目。

2. 钢栏杆维护项目适用于钢栏杆表面的维护。

3. 塑钢栏杆维护项目适用于塑钢栏杆交接处的加固与维护。

4. 钢栏杆维护项目,栏杆高度如超过 1.5m 可换算,其耗用材料和人工按定额耗用量乘以系数 1.5 计算。

十三、木栏杆维护定额项目根据木栏杆使用年限分为 5 年以内、5 年以上两个定额子目。

十四、园路、广场维护定额项目根据园路、广场基础及面层材料的不同分为九个定额子目。

1. 整体混凝土园路、广场维护项目适用于整体浇筑混凝土面层和基层的园路广场的维护。

2. 沥青园路、广场维护项目适用于沥青面层的园路、广场的维护。

3. 广场砖园路、广场维护项目适用于广场砖敷设为主的园路、广场面层的维护。

4. 透水混凝土园路、广场(含健身步道)维护项目适用于透水混凝土园路、广场面层及基层维护。

5. 花式园路、广场维护项目适用于黄道砖类拼花的园路、广场面层维护。

6. 大理石、花岗岩面层园路、广场维护项目适用于大理石、花岗岩面层的园路、广场的维护,面层厚度不同时，可不做换算。

7. 嵌卵石园路、广场维护项目适用于嵌卵石为主的园路、广场面层的维护。

8. 仿古砖园路、广场维护项目适用于仿古砖、其他砖（除黄道砖）等面层的园路、广场的维护，面层厚度不同时，可不做换算。

9. 瓦（缸）片等面层园路、广场维护项目适用于瓦片、缸片、弹街石等花饰构成的园路、广场的面层维护，面层厚度不同时，可不做换算。

十五、围墙维护定额项目根据围墙不同类型、结构、材质划分为七个定额子目。

1. 砖砌围墙维护项目适用于各类砖砌围墙的维护，维护主要指围墙墙面的维护。

2. 石、钢结构围墙维护项目适用于石、钢混合结构围墙，维护主要指钢构件和石墙面的表面维护。

3. 钢、砖混合结构围墙维护项目适用于钢、砖混合结构围墙，维护主要指钢构件和砌体墙面维护。

4. 钢丝网维护项目适用于钢丝网围墙，维护主要指钢丝网墙面维护。

5. 砖砌古式围墙（无漏窗）维护项目适用于砖砌古式围墙（筒瓦或蝴蝶瓦压顶、花边滴水），维护主要指墙面和瓦压顶的维护。

6. 砖砌古式围墙（有漏窗）维护项目适用于砖砌古式围墙（筒瓦或蝴蝶瓦压顶、花边滴水），主要指古式围墙花式漏窗维护、墙面维护和瓦压顶维护。

7. 其他围墙维护项目适用于除以上已明确定额子目外的一般围墙维护。

8. 围墙高度不同时，可不做换算。

十六、其他小品维护项目，根据小品的材质及使用年份不同分为六个定额子目。

其他小品（钢材质、混凝土材质、石材质）维护项目分别适用于以钢、混凝土、石材为主的维护工程，定额子目均分为5年以内和5年以上两个项目。

十七、雕塑维护项目根据雕塑材质及使用年份的不同分为四个定额子目。

1. 雕塑（金属）维护项目适用于金属材料制作的雕塑作品，主要指金属面层维护及修补，分为5年以内和5年以上两个项目。

2. 雕塑（塑钢、玻璃钢）维护项目适用于塑钢、玻璃钢材料制作的雕塑作品，主要指塑钢、玻璃钢面层维护及修补，分为5年以内和5年以上两个项目。

十八、雕塑基座贴面维护项目适用于所有雕塑基座表面的维护，主要指基座大理石、花岗石等不同材质贴面的维护。

十九、树穴盖板维护项目根据树穴盖板材质及使用年份不同分为六个定额子目。

树穴盖板（铸铁、塑钢、混凝土）维护项目适用于架空和实铺的树穴盖板的维护，不同材质盖板均分为5年以内和5年以上两个项目。

二十、水池底壁维护项目根据面层材质不同分为两个定额子目。

1. 水池底壁水泥砂浆面层维护项目适用于池壁、池底面层材料以水泥抹面为主的表面维护。

2. 水池底壁块料式面层维护项目适用于池壁、池底面层材料以马赛克、缸砖、大理石、水磨石等硬质材料的维护。

工程量计算规则

一、现代建筑维护均按建筑面积以“m^2”计算，其建筑面积按本定额附录二“《建筑工程建筑面积计算规范》GB/T 50353－2013”计算。

二、亭、廊、水榭、戏台、门厅、阁、桥廊、殿、塔、钟楼、鼓楼、石舫等古典建筑维护均按建筑面积以“m^2”计算，其建筑面积按本定额附录三“仿古建筑工程建筑面积计算规定”计算。

三、牌楼(牌坊)维护无论有无屋面，均按构件垂直投影面积以“m^2”计算(空处不扣除)。

四、垂花门维护按建筑屋面垂直投影面积以“m^2”计算。

五、各种花架维护按台基面积计算，如无台基，则双柱花架按柱外包宽度×长度、单柱花架按屋面水平投影面积以“m^2”计算。

六、石假山及零星假山石维护以“t”计算。人工塑造假山维护按展开面积以“m^2”计算。

石假山维护工程量可按下述方法计算：

1. 计算假山体积：

$$V_{体} = A_{矩} \times H_{大}$$

式中：$A_{矩}$——假山不规则平面轮廓的水平投影面积的最大外接矩形面积(m^2)；

$H_{大}$——假山石着地点至最高顶点的垂直距离(m)；

$V_{体}$——假山体积(m^3)。

2. 计算假山重量：

$$W_{重} = 2.6 \times V_{体} \times K_n$$

式中：$W_{重}$——假山石重量(t)；

2.6——石料密度(t/m^3)，石料密度不同时按实调整；

K_n——系数。当 $H \leqslant 1m$ 时，K_n 取 0.77，当 $1m \leqslant H \leqslant 2m$ 时，K_n 取 0.72，当 $2m \leqslant H \leqslant 3m$ 时，K_n 取 0.65，当 $3m \leqslant H \leqslant 4m$ 时，K_n 取 0.60，当 $H > 4m$ 时，K_n 取 0.55。

七、蘑菇墙、块石墙、片石墙、条石墙维护按其墙体体积以“m^3”计算。

八、驳岸、护坡维护按其驳岸体积以“m^3”计算。

九、石峰、附壁石维护以“t”计算。

十、花坛石构件、花坛混凝土构件维护按花坛长度以“延长米”计算。

十一、道路侧石、树穴侧石及零星石构件维护按实际尺寸以“延长米”计算。

十二、石桥混凝土和木混合结构桥、木桥、木栈桥维护项目按桥面宽度×长度以“m^2”计算。钢结构园桥维护项目重量以“t”计算。

十三、混凝土栏杆、钢栏杆、塑钢栏杆维护均以“延长米”计算，木栏杆维护以“m^2”计算。

十四、园路、广场维护以“m^2”计算。

十五、围墙维护项目均以“延长米”计算。

十六、雕塑基座贴面按基座贴面展开面积以“m^2”计算。

十七、按总价计算的维护项目，项目维护费按工程造价以“万元”计算。

十八、水池底壁维护项目按展开面积以“m^2”计算。

一、建筑维护

工作内容：屋面的检修，梁、柱、内外墙、门窗、地面等项目的饰面维护及易碎构件（如玻璃）的更换。 **计量单位：**$10m^2$

定额编号				5-1	5-2	5-3	5-4
项目				现代建筑			
				办公用房	辅助用房	餐厅、展示用房	售票房
基价（元）				**222.53**	**247.40**	**371.91**	**255.66**
其中	人工费（元）			126.36	192.92	246.92	150.93
	材料费（元）			90.65	54.48	124.82	104.56
	机械费（元）			5.52	—	0.17	0.17
名称		单位	单价（元）	消耗量			
人工	二类人工	工日	135.00	0.936	1.429	1.829	1.118
材料	白色硅酸盐水泥 42.5 二级白度	kg	0.59	1.844	—	—	—
	PVC 塑料平开窗	m^2	371.00	0.039	0.034	0.034	0.057
	调和漆	kg	11.21	0.155	1.152	1.114	0.250
	墙面砖 240×60	m^2	46.55	—	—	0.233	0.233
	乳胶漆	kg	15.52	2.744	0.729	1.400	2.467
	石膏粉	kg	0.68	0.016	0.115	0.112	0.025
	熟桐油	kg	11.17	0.010	0.058	0.056	0.013
	107 胶	kg	1.72	0.392	—	1.007	0.352
	地砖 300×300	m^2	44.83	0.076	—	0.111	0.112
	平板玻璃 δ3	m^2	15.52	0.052	0.052	0.112	0.075
	水泥砂浆 1:1	m^3	294.20	0.004	0.005	0.003	0.008
	水泥砂浆 1:2.5	m^3	252.49	—	0.001	—	—
	石灰砂浆 1:3	m^3	236.24	0.014	—	0.013	0.001
	杉板枋材	m^3	1 625.00	—	0.001	0.004	—
	小青瓦 200×(180～200)	千张	1 129.00	0.015	0.009	0.014	0.015
	圆钉	kg	4.74	—	—	5.438	—
	水	m^3	4.27	0.004	0.001	0.004	0.004
	其他材料费	元	1.00	4.320	2.590	5.940	4.980
机械	灰浆搅拌机 400L	台班	161.27	0.001	—	—	—
	电动卷扬机－单筒快速 10kN	台班	172.88	0.031	—	—	—
	木工平刨床 500mm	台班	21.04	—	—	0.008	0.008

工作内容:屋面的检修,梁、柱、内外墙、门窗、地面等项目的饰面维护及易碎构件(如玻璃)的更换。 **计量单位**:10m²

定额编号				5-5	5-6	5-7	5-8
项目				现代建筑			
				小卖部	饲料加工用房	配电用房(泵房)	仓库(工具间)
基价(元)				**182.61**	**192.51**	**232.88**	**157.13**
其中	人工费(元)			114.75	155.93	192.51	102.06
	材料费(元)			67.86	36.58	40.37	55.07
	机械费(元)			—	—	—	—
名称		单位	单价(元)	消耗量			
人工	二类人工	工日	135.00	0.850	1.155	1.426	0.756
材料	白色硅酸盐水泥 42.5 二级白度	kg	0.59	1.267	0.424	0.524	1.488
	PVC 塑料平开窗	m²	371.00	0.043	0.031	0.031	0.031
	调和漆	kg	11.21	0.190	0.930	1.148	0.125
	乳胶漆	kg	15.52	1.873	0.589	0.727	2.214
	石膏粉	kg	0.68	0.019	0.093	0.115	0.013
	熟桐油	kg	11.17	0.010	0.046	0.058	0.008
	107 胶	kg	1.72	0.267	0.267	0.267	0.316
	平板玻璃 δ3	m²	15.52	0.052	0.052	0.052	0.052
	水	m³	4.27	0.001	0.001	0.001	0.003
	水泥砂浆 1:2.5	m³	252.49	0.013	0.001	0.001	0.001
	石灰砂浆 1:3	m³	236.24	—	0.006	0.001	0.011
	墙面砖 240×60	m²	46.55	0.177	—	—	—
	地砖 300×300	m²	44.83	0.085	—	—	—
	其他材料费	元	1.00	3.230	1.740	1.920	2.620

工作内容:屋面的检修及破损瓦片的更换及清理,梁、柱、内外墙、门窗、栏杆、封檐板、地面等项目的饰面维护,檐口瓦片及花边、滴水的检修与归位。

计量单位:$10m^2$

定额编号				5-9	5-10
项目				古典建筑	
				单檐亭(木结构、混凝土结构)	重檐亭(木结构、混凝土结构)
基价(元)				**630.91**	**726.78**
其中	人工费(元)			529.33	611.63
	材料费(元)			101.41	114.98
	机械费(元)			0.17	0.17
名称		单位	单价(元)	消耗量	
人工	三类人工	工日	155.00	3.415	3.946
材料	白色硅酸盐水泥 42.5 二级白度	kg	0.59	0.203	0.234
	黄砂 净砂(中粗砂)	t	102.00	0.004	0.005
	油灰	kg	1.19	0.023	0.028
	小青瓦 200×(180~200)	千张	1 129.00	0.016	0.020
	杉板枋材	m^3	1 625.00	0.005	0.005
	调和漆	kg	11.21	3.913	4.530
	乳胶漆	kg	15.52	0.301	0.348
	石膏粉	kg	0.68	0.392	0.454
	熟桐油	kg	11.17	0.196	0.227
	方砖 430×430×50	百块	1 988.00	0.007	0.007
	107 胶	kg	1.72	0.043	0.049
	蝴蝶瓦大号花边	百张	308.00	0.002	0.002
	蝴蝶瓦大号滴水	百张	308.00	0.003	0.003
	石灰砂浆 1:3	m^3	236.24	0.014	0.015
	水	m^3	4.27	0.001	0.001
	其他材料费	元	1.00	4.830	5.480
机械	电动卷扬机-单筒快速 10kN	台班	172.88	0.001	0.001

工作内容:屋面的检修及破损、腐烂竹片屋面的更换,竹柱、竹梁、竹坐凳、地面等项目的饰面维护。 **计量单位**:10m²

定额编号				5-11	5-12	5-13
项目				古典建筑		
				单檐竹亭	重檐竹亭	竹廊
基价(元)				**531.21**	**633.05**	**459.40**
其中	人工费(元)			370.61	442.84	302.56
	材料费(元)			160.27	189.88	156.51
	机械费(元)			0.33	0.33	0.33
名称		单位	单价(元)	消耗量		
人工	三类人工	工日	155.00	2.391	2.857	1.952
材料	白色硅酸盐水泥 42.5 二级白度	kg	0.59	0.142	0.178	0.921
	毛竹 毛竹 1.7m 起围径 27cm	根	25.86	3.745	4.494	3.745
	黄砂 净砂(中粗砂)	t	102.00	0.002	0.003	0.002
	调和漆	kg	11.21	3.745	4.494	3.745
	熟桐油	kg	11.17	0.138	0.165	0.112
	方砖 430×430×50	百块	1 988.00	0.006	0.006	0.004
	107 胶	kg	1.72	0.030	0.035	0.163
	水	m³	4.27	0.001	0.001	0.001
	其他材料费	元	1.00	7.630	9.040	7.450
机械	电动卷扬机-单筒快速 10kN	台班	172.88	0.001	0.001	0.001
	灰浆搅拌机 400L	台班	161.27	0.001	0.001	0.001

工作内容：屋面的检修及破损瓦片的更换及清理，梁、柱、内外墙、门窗、栏杆、封檐板、地面等项目的饰面维护，檐口瓦片及花边、滴水的检修与归位。

计量单位：10m²

	定额编号			5-14	5-15	5-16
	项目			古典建筑		
				廊（木结构、混凝土结构）	水榭、戏台、门厅、阁、桥廊	楼房、平房
	基价（元）			**493.12**	**610.78**	**511.66**
其中	人工费（元）			398.66	493.52	416.95
	材料费（元）			94.13	116.93	94.38
	机械费（元）			0.33	0.33	0.33
	名称	单位	单价（元）	消耗量		
人工	三类人工	工日	155.00	2.572	3.184	2.690
材料	白色硅酸盐水泥 42.5　二级白度	kg	0.59	1.213	1.254	0.835
	黄砂 净砂（中粗砂）	t	102.00	0.003	0.003	0.004
	油灰	kg	1.19	0.018	0.020	0.027
	小青瓦 200×(180~200)	千张	1 129.00	0.016	0.015	0.012
	杉板枋材	m³	1 625.00	0.006	0.001	0.001
	调和漆	kg	11.21	2.140	4.141	3.485
	乳胶漆	kg	15.52	1.354	1.866	1.242
	石膏粉	kg	0.68	0.375	0.415	0.413
	熟桐油	kg	11.17	0.107	0.208	0.175
	方砖 430×430×50	百块	1 988.00	0.004	0.003	0.003
	107 胶	kg	1.72	0.214	1.343	0.894
	蝴蝶瓦大号花边	百张	308.00	0.003	0.003	0.003
	蝴蝶瓦大号滴水	百张	308.00	0.005	0.004	0.004
	水	m³	4.27	0.002	0.001	0.001
	石灰砂浆 1:3	m³	236.24	0.015	0.014	0.015
	其他材料费	元	1.00	4.480	5.570	4.490
机械	电动卷扬机－单筒快速 10kN	台班	172.88	0.001	0.001	0.001
	灰浆搅拌机 400L	台班	161.27	0.001	0.001	0.001

工作内容:屋面的检修及破损瓦片的更换及清理,梁、柱、内外墙、门窗、栏杆、封檐板、地面等项目的饰面维护,檐口瓦片及花边、滴水的检修与归位。

计量单位:10m²

定额编号				5-17	5-18	5-19
项目				古典建筑		
				殿(单檐)	殿(双檐)	牌楼(木牌楼)
基价(元)				**743.93**	**824.53**	**301.67**
其中	人工费(元)			631.63	697.66	174.84
	材料费(元)			112.11	126.66	126.68
	机械费(元)			0.19	0.21	0.15
名称		单位	单价(元)	消耗量		
人工	三类人工	工日	155.00	4.075	4.501	1.128
材料	白色硅酸盐水泥 42.5 二级白度	kg	0.59	1.057	1.076	—
	黄砂 净砂(中粗砂)	t	102.00	0.005	0.006	—
	油灰	kg	1.19	0.032	0.037	—
	小青瓦 200×(180~200)	千张	1 129.00	0.001	0.002	0.027
	杉板枋材	m³	1 625.00	0.005	0.007	0.001
	调和漆	kg	11.21	4.810	5.177	6.349
	乳胶漆	kg	15.52	1.573	1.730	—
	石膏粉	kg	0.68	0.482	0.502	0.188
	熟桐油	kg	11.17	0.241	0.264	0.094
	方砖 430×430×50	百块	1 988.00	0.004	0.004	0.004
	107 胶	kg	1.72	1.132	1.291	0.376
	蝴蝶瓦大号花边	百张	308.00	0.002	0.003	0.003
	蝴蝶瓦大号滴水	百张	308.00	0.003	0.004	0.004
	石灰砂浆 1:3	m³	236.24	0.015	0.022	0.023
	水	m³	4.27	0.001	0.002	0.001
	其他材料费	元	1.00	5.340	6.030	6.030
机械	木工平刨床 500mm	台班	21.04	0.009	0.010	0.007

工作内容：屋面、柱、梁及各构件的检查，对脱榫构件的临时加固。 计量单位：10m²

定额编号				5-20	5-21	5-22
项目				古典建筑		
				牌楼(石牌楼)	塔(石构件)	石舫
基价（元）				**145.96**	**327.60**	**145.92**
其中	人工费（元）			95.79	266.29	93.93
	材料费（元）			46.62	57.76	48.44
	机械费（元）			3.55	3.55	3.55
名称		单位	单价(元)	消耗量		
人工	三类人工	工日	155.00	0.618	1.718	0.606
材料	白色硅酸盐水泥 42.5 二级白度	kg	0.59	0.562	0.738	0.376
	黄砂 净砂(中粗砂)	t	102.00	0.002	—	0.002
	油灰	kg	1.19	0.011	0.011	0.012
	方砖 430×430×50	百块	1 988.00	0.002	0.001	0.002
	107 胶	kg	1.72	0.395	0.403	0.403
	乌钢头	kg	431.00	0.075	0.100	0.082
	砂轮片 ϕ200	片	10.34	0.015	0.021	0.015
	焦炭	kg	0.71	0.824	0.888	0.805
	钢钎	kg	5.86	0.562	0.749	0.562
	石灰砂浆 1:3	m^3	236.24	0.012	0.015	0.007
	水	m^3	4.27	0.001	0.001	0.001
	其他材料费	元	1.00	2.220	2.750	2.310
机械	汽车式起重机 10t	台班	709.76	0.005	0.005	0.005

工作内容:屋面的检修及破损瓦片的更换及清理,梁、柱、内外墙、门窗、栏杆、封檐板、地面等项目的饰面维护,檐口瓦片及花边、滴水的检修与归位。

计量单位:$10m^2$

定额编号				5-23	5-24	5-25
项目				古典建筑		
				塔(木结构、混凝土结构)	钟楼、鼓楼	垂花门
基价(元)				**1 128.91**	**909.73**	**426.69**
其中	人工费(元)			894.97	722.15	398.04
	材料费(元)			233.48	187.18	28.25
	机械费(元)			0.46	0.40	0.40
名称		单位	单价(元)	消耗量		
人工	三类人工	工日	155.00	5.774	4.659	2.568
材料	白色硅酸盐水泥 42.5 二级白度	kg	0.59	1.769	1.428	—
	小青瓦 200×(180~200)	千张	1 129.00	0.002	0.001	0.002
	木材(成材)	m^3	2 802.00	0.035	0.028	0.001
	调和漆	kg	11.21	6.349	5.123	1.427
	乳胶漆	kg	15.52	2.623	2.125	—
	石膏粉	kg	0.68	0.636	0.514	0.143
	熟桐油	kg	11.17	0.318	0.257	0.071
	107 胶	kg	1.72	0.376	0.303	—
	蝴蝶瓦大号花边	百张	308.00	0.002	0.002	0.001
	蝴蝶瓦大号滴水	百张	308.00	0.004	0.003	0.002
	水	m^3	4.27	0.003	0.002	0.002
	水泥砂浆 1:2.5	m^3	252.49	0.001	0.001	—
	石灰砂浆 1:3	m^3	236.24	0.010	0.008	0.017
	其他材料费	元	1.00	11.120	8.910	1.350
机械	木工平刨床 500mm	台班	21.04	0.022	0.019	0.019

二、小品维护

工作内容:1. 混凝土构件清底、破损修补、刷涂料;
　　　2. 木构件表面清底、刷色漆、清漆或广漆。

计量单位:10m²

定额编号				5-26	5-27
项目				花架廊	
				混凝土结构	混凝土、木混合结构
基价(元)				**57.13**	**129.34**
其中	人工费(元)			38.21	56.30
	材料费(元)			18.92	73.02
	机械费(元)			—	0.02
名称		单位	单价(元)	消耗量	
人工	二类人工	工日	135.00	0.283	0.417
材料	草袋	m^2	3.62	—	0.004
	圆钉	kg	4.74	—	0.011
	铁件	kg	3.71	—	0.010
	木材(成材)	m^3	2 802.00	—	0.022
	水泥砂浆 1:3	m^3	238.10	0.001	0.001
	清油	kg	14.22	0.307	—
	普通内墙涂料 803 型	kg	1.03	2.857	—
	防腐油	kg	1.28	—	0.025
	石膏粉	kg	0.68	0.450	—
	预拌细石混凝土 C20	m^3	391.00	0.026	0.019
	水	m^3	4.27	—	0.022
	其他材料费	元	1.00	0.900	3.480
机械	木工平刨床 500mm	台班	21.04	—	0.001

工作内容:1. 混凝土构件清底、破损修补、刷涂料;
2. 钢构件表面清底、刷防锈漆、清漆或广漆。

计量单位:$10m^2$

定额编号				5-28	5-29
项目				花架廊	
				钢结构	混凝土、钢混合结构
基价(元)				**165.17**	**88.01**
其中	人工费(元)			141.08	72.36
	材料费(元)			24.09	15.65
	机械费(元)			—	—
名称		单位	单价(元)	消耗量	
人工	二类人工	工日	135.00	1.045	0.536
材料	圆钉	kg	4.74	0.020	—
	水泥砂浆 1:3	m^3	238.10	—	0.001
	防腐木	m^3	2 155.00	0.007	—
	调和漆	kg	11.21	0.511	0.412
	清油	kg	14.22	0.067	0.151
	普通内墙涂料 803 型	kg	1.03	—	2.305
	红丹防锈漆	kg	6.90	0.079	0.079
	氟碳漆腻子	kg	2.16	0.055	0.045
	石膏粉	kg	0.68	—	0.363
	松香水	kg	4.74	0.088	0.071
	预拌细石混凝土 C20	m^3	391.00	—	0.011
	其他材料费	元	1.00	1.150	0.750

工作内容:1. 检查基础、假山石黏结、沉降度,假山石修补、清扫垃圾、检修其他附属设施等;
2. 检查附着主体、饰面石黏结度,表面石修补,清扫垃圾等。

定额编号				5-30	5-31	5-32
项目				假山维护		
				石假山	人工塑造假山	零星假山石
计量单位				10t	$10m^2$	10t
基价(元)				**158.86**	**102.13**	**204.58**
其中	人工费(元)			144.32	64.26	178.07
	材料费(元)			11.95	33.98	23.92
	机械费(元)			2.59	3.89	2.59
名称		单位	单价(元)	消耗量		
人工	二类人工	工日	135.00	1.069	0.476	1.319
材料	铁件	kg	3.71	1.519	—	—
	蒸压灰砂砖 240×115×53	千块	371.00	—	0.023	—
	预制混凝土板	m^3	336.00	—	0.005	—
	花岗岩 500×400×80	m^2	356.00	0.010	—	—
	湖石	t	155.00	0.010	—	0.096
	块石	t	77.67	0.001	—	—
	水泥砂浆 1:2	m^3	268.85	—	0.008	—
	水泥砂浆 1:2.5	m^3	252.49	0.001	—	0.023
	水泥砂浆 M5.0	m^3	212.41	—	0.008	—
	混合砂浆 M5.0	m^3	227.82	—	0.041	—
	现浇现拌混凝土 C15(20)	m^3	287.78	0.001	—	0.007
	现浇现拌混凝土 C20(16)	m^3	296.00	—	0.030	—
	水	m^3	4.27	0.003	0.018	0.019
	其他材料费	元	1.00	0.570	1.620	1.140
机械	汽车式起重机 8t	台班	648.48	0.004	0.006	0.004

工作内容:检查附着主体、饰面石黏结度,表面石修补,清扫垃圾等。 **计量单位**:$10m^3$

定额编号				5-33	5-34	5-35	5-36
项目				墙体维护			
				蘑菇墙	毛石墙	砖墙	条石墙
基价(元)				**366.14**	**28.71**	**68.90**	**45.84**
其中	人工费(元)			186.71	15.12	30.24	15.12
	材料费(元)			178.46	12.94	38.01	30.07
	机械费(元)			0.97	0.65	0.65	0.65
名称		单位	单价(元)	消耗量			
人工	二类人工	工日	135.00	1.383	0.112	0.224	0.112
材料	蘑菇石	m^3	1 034.00	0.158	—	—	—
	毛石 综合	m^3	40.78	—	0.172	—	—
	条石	m^3	307.00	—	—	—	0.076
	标准砖 240×115×53	块	0.39	—	—	79.200	—
	水泥砂浆 M5.0	m^3	212.41	0.031	0.025	0.025	0.025
	其他材料费	元	1.00	8.500	0.620	1.810	1.430
机械	灰浆搅拌机 400L	台班	161.27	0.006	0.004	0.004	0.004

工作内容:检查基础、坡体沉降、压顶完整,补缝、填土,设立警示牌等。　　　　**计量单位**:10m³

定额编号				5-37	5-38	5-39
项目				驳岸、护坡维护		
				条石驳岸	毛石驳岸	自然式护岸
基价(元)				**57.55**	**17.34**	**14.73**
其中	人工费(元)			15.39	13.23	11.07
	材料费(元)			42.16	4.11	3.66
	机械费(元)			—	—	—
名称		单位	单价(元)	消耗量		
人工	二类人工	工日	135.00	0.114	0.098	0.082
材料	条石	m³	307.00	0.115	—	—
	毛石	m³	—	—	(0.100)	(0.084)
	水泥砂浆 M5.0	m³	212.41	0.020	0.017	0.015
	现浇现拌混凝土 C20(16)	m³	296.00	0.002	0.001	0.001
	水	m³	4.27	0.001	0.001	0.001
	其他材料费	元	1.00	2.010	0.200	0.170

工作内容:检查基础、假山石黏结、沉降度,假山石修补、清扫等。　　　　**计量单位**:10t

定额编号				5-40	5-41
项目				石峰	附壁石
基价(元)				**270.23**	**168.44**
其中	人工费(元)			234.50	133.38
	材料费(元)			31.84	34.41
	机械费(元)			3.89	0.65
名称		单位	单价(元)	消耗量	
人工	二类人工	工日	135.00	1.737	0.988
材料	块石	t	77.67	0.001	0.020
	湖石	t	155.00	0.127	0.122
	黄砂 净砂(中粗砂)	t	102.00	—	0.061
	普通硅酸盐水泥 P·O 42.5 综合	t	346.00	—	0.013
	水泥砂浆 1:2.5	m³	252.49	0.030	—
	碎石 5~25	t	102.00	—	0.014
	现浇现拌混凝土 C15(20)	m³	287.78	0.010	—
	色粉	kg	3.19	—	0.051
	水	m³	4.27	0.025	—
	其他材料费	元	1.00	1.520	1.640
机械	汽车式起重机 8t	台班	648.48	0.006	0.001

工作内容：翻修花坛石平整度、检修花坛石缺失，清扫及保养等。　　**计量单位**：10m

定额编号				5-42	5-43
项目				花坛石构件维护	花坛混凝土构件维护
基价（元）				**8.07**	**4.05**
其中	人工费（元）			5.67	2.03
	材料费（元）			2.40	2.02
	机械费（元）			—	—
名称		单位	单价(元)	消耗量	
人工	二类人工	工日	135.00	0.042	0.015
材料	草袋	m^2	3.62	—	0.021
	砂轮片 φ200	片	10.34	0.001	—
	钢钎	kg	5.86	0.013	—
	乌钢头	kg	431.00	0.002	—
	花岗岩板	m^2	159.00	0.007	—
	焦炭	kg	0.71	0.022	—
	水泥砂浆 M5.0	m^3	212.41	0.001	—
	现浇现拌混凝土 C20(16)	m^3	296.00	—	0.006
	水	m^3	4.27	—	0.015
	其他材料费	元	1.00	0.110	0.100
机械	混凝土振捣器 插入式	台班	4.65	—	0.001

工作内容：翻修侧石平整度、检修侧石缺失，清扫及保养等。　　**计量单位**：10m

定额编号				5-44	5-45	5-46
项目				道路侧石、树穴侧石维护		
				混凝土侧石	石侧石	砖侧石
基价（元）				**15.77**	**33.03**	**12.30**
其中	人工费（元）			12.69	31.19	8.37
	材料费（元）			3.08	1.84	3.93
	机械费（元）			—	—	—
名称		单位	单价(元)	消耗量		
人工	二类人工	工日	135.00	0.094	0.231	0.062
材料	钢钎	kg	5.86	—	0.007	—
	乌钢头	kg	431.00	—	0.001	—
	条石 100×300	m	9.20	—	0.110	—
	焦炭	kg	0.71	0.006	0.012	—
	水泥砂浆 1:2.5	m^3	252.49	—	0.001	—
	标准砖 240×115×53	块	0.39	—	—	2.100
	混合砂浆 M5.0	m^3	227.82	0.002	—	0.002
	现浇现拌混凝土 C20(16)	m^3	296.00	0.008	—	0.008
	水	m^3	4.27	0.023	—	0.023
	其他材料费	元	1.00	0.150	0.090	0.190
机械	混凝土振捣器 插入式	台班	4.65	0.001	—	0.001

工作内容:检修基础、坡体沉降、压顶完整,补缝、填土,设立警示牌等。 **计量单位**:10m

定额编号				5-47
项目				零星石构件
基价(元)				**20.39**
其中	人工费(元)			15.66
	材料费(元)			4.56
	机械费(元)			0.17
名称		单位	单价(元)	消耗量
人工	二类人工	工日	135.00	0.116
材料	现浇现拌混凝土 C20(16)	m^3	296.00	0.001
	水泥砂浆 M5.0	m^3	212.41	0.019
	水	m^3	4.27	0.001
	其他材料费	元	1.00	0.220
机械	混凝土振捣器 插入式	台班	4.65	0.001
	灰浆搅拌机 400L	台班	161.27	0.001

工作内容:巡查桥体沉降损坏情况、定期保洁、疏通泄水孔、检修桥面、接坡部分破损修补,设立警示牌等。

计量单位:$10m^2$

定额编号				5-48	5-49	5-50
项目				园桥维护		
				石桥	混凝土、石混合结构桥	混凝土结构桥
基价(元)				**33.10**	**26.08**	**20.92**
其中	人工费(元)			30.51	24.03	18.23
	材料费(元)			0.70	1.11	2.69
	机械费(元)			1.89	0.94	—
名称		单位	单价(元)	消耗量		
人工	二类人工	工日	135.00	0.226	0.178	0.135
材料	普通内墙涂料 803 型	kg	1.03	—	0.333	1.033
	大白粉	kg	0.34	—	0.189	0.588
	羧甲基纤维素	kg	13.14	—	0.012	0.037
	色粉	kg	3.19	—	0.001	0.004
	水泥砂浆 1:2.5	m^3	252.49	—	0.001	0.003
	水泥砂浆 M10.0	m^3	222.61	0.003	0.001	—
	水	m^3	4.27	—	0.003	0.010
	其他材料费	元	1.00	0.030	0.050	0.130
机械	汽车式起重机 20t	台班	942.85	0.002	0.001	—

工作内容：巡查桥体沉降损坏情况、定期保洁、疏通泄水孔、检修桥面、接坡部分破损修补，设立警示牌等。　**计量单位：**见表

定额编号				5-51	5-52	5-53
项目				园桥维护		
				钢结构	混凝土、木混合结构桥	木桥、木栈桥
计量单位				10t	$10m^2$	
基价（元）				**178.82**	**64.18**	**151.94**
其中	人工费（元）			93.15	49.41	112.73
	材料费（元）			22.67	14.71	39.04
	机械费（元）			63.00	0.06	0.17
名称		单位	单价（元）	消耗量		
人工	二类人工	工日	135.00	0.690	0.366	0.835
材料	普通内墙涂料 803 型	kg	1.03	—	0.500	—
	大白粉	kg	0.34	—	0.285	—
	羧甲基纤维素	kg	13.14	—	0.018	—
	色粉	kg	3.19	—	0.001	—
	钢丝绳 $\phi12$	kg	6.45	0.795	—	—
	电焊条	kg	4.31	0.690	—	—
	焊丝 $\phi3.2$	kg	10.78	0.389	—	—
	圆钉	kg	4.74	—	0.019	0.051
	铁件	kg	3.71	0.663	—	—
	防腐木	m^3	2 155.00	—	0.003	0.009
	调和漆	kg	11.21	—	0.242	0.670
	环氧富锌 底漆	kg	13.79	0.445	—	—
	红丹防锈漆	kg	6.90	—	0.178	0.493
	木地板漆	kg	11.72	—	0.178	0.493
	石膏粉	kg	0.68	—	0.031	0.088
	熟桐油	kg	11.17	—	0.019	0.054
	溶剂油	kg	2.29	—	0.030	0.084
	稀释剂	kg	12.07	0.036	—	—
	二氧化碳气体	m^3	1.03	0.254	—	—
	钢桁架	t	—	(0.210)	—	—
	水泥砂浆 1:2.5	m^3	252.49	—	0.001	—
	水	m^3	4.27	—	0.004	—
	其他材料费	元	1.00	1.080	0.700	1.860
机械	汽车式起重机 20t	台班	942.85	0.057	—	—
	木工平刨床 500mm	台班	21.04	—	0.003	0.008
	交流弧焊机 32kV·A	台班	92.84	0.041	—	—
	二氧化碳气体保护焊机 500A	台班	132.92	0.041	—	—

工作内容:巡查栏杆破损情况,检修栏杆、扶正加固,栏杆面清底刷涂料。 **计量单位**:10m

定额编号				5-54	5-55	5-56
项目				栏杆维护		
				混凝土栏杆	钢栏杆	塑钢栏杆
基价(元)				**93.78**	**148.17**	**127.01**
其中	人工费(元)			80.73	122.99	122.58
	材料费(元)			13.00	25.18	4.43
	机械费(元)			0.05	—	—
	名称	单位	单价(元)	消耗量		
人工	二类人工	工日	135.00	0.598	0.911	0.908
材料	普通内墙涂料 803 型	kg	1.03	1.636	—	—
	镀锌铁丝 22#	kg	6.55	0.006	—	—
	水泥砂浆 1:2	m^3	268.85	0.002	—	—
	杉板枋材	m^3	1 625.00	0.001	—	—
	圆钉	kg	4.74	0.302	—	—
	扁钢 Q235B 综合	t	3 957.00	—	0.001	—
	钢筋 综合	kg	3.04	0.002	0.001	0.001
	电焊条	kg	4.31	—	0.059	0.058
	调和漆	kg	11.21	—	0.634	—
	溶剂	kg	1.79	—	0.048	0.048
	现浇现拌混凝土 C20(16)	m^3	296.00	—	0.005	—
	焊接钢管 ϕ600 以内	t	3 879.00	—	0.001	0.001
	防锈漆	kg	14.05	—	0.513	—
	草袋	个	3.62	0.578	—	—
	现浇现拌混凝土 C25(16)	m^3	308.88	0.016	—	—
	水	m^3	4.27	0.004	—	—
	汽油 综合	kg	6.12	—	0.001	0.001
	其他材料费	元	1.00	0.620	1.200	0.210
机械	混凝土振捣器 插入式	台班	4.65	0.003	—	—
	混凝土振捣器 平板式	台班	12.54	0.003	—	—

工作内容:巡查栏杆破损情况;检修栏杆、扶正加固,栏杆面清底刷涂料。 **计量单位**:$10m^2$

定额编号				5-57	5-58
项目				木栏杆维护	
				5 年以内	5 年以上
基价(元)				**100.81**	**145.22**
其中	人工费(元)			73.85	105.44
	材料费(元)			26.31	38.83
	机械费(元)			0.65	0.95
	名称	单位	单价(元)	消耗量	
人工	二类人工	工日	135.00	0.547	0.781
材料	杉板枋材	m^3	1 625.00	0.010	0.015
	调和漆	kg	11.21	0.786	1.124
	其他材料费	元	1.00	1.250	1.850
机械	木工平刨床 500mm	台班	21.04	0.031	0.045

工作内容:凿除破损、修补裂缝、缺损、伸缩缝修补等。 **计量单位:**10m²

定额编号					5-59	5-60	5-61	5-62
项目					园路、广场维护			
					整体混凝土园路、广场	沥青园路、广场	广场砖园路、广场	透水混凝土园路、广场(含健身步道)
基价(元)					**8.48**	**7.95**	**11.62**	**7.34**
其中	人工费(元)				4.73	1.49	7.43	4.86
	材料费(元)				2.67	6.15	3.79	2.11
	机械费(元)				1.08	0.31	0.40	0.37
名称			单位	单价(元)	消耗量			
人工	二类人工		工日	135.00	0.035	0.011	0.055	0.036
材料	草袋		m^2	3.62	0.039	—	—	—
	风镐凿子		根	4.31	0.003	—	0.003	—
	普通硅酸盐水泥 P·O 52.5 综合		kg	0.39	—	—	—	3.170
	碎石 5~15		t	102.00	0.008	—	—	—
	碎石 5~10 玄武岩		kg	—	—	—	—	(3.200)
	环氧沥青漆		kg	12.07	—	0.018	—	—
	柴油		kg	5.09	—	0.002	—	—
	氟碳保护剂		kg	3.02	—	—	—	0.050
	PG 道路封缝胶		kg	21.29	—	—	—	0.016
	LDA 增强剂		kg	8.62	—	—	—	0.030
	泡沫条 ϕ8		m	0.28	—	—	—	0.050
	广场砖 综合		m^2	44.66	—	—	0.046	—
	水泥砂浆 1:1		m^3	294.20	—	—	0.001	—
	现浇现拌混凝土 C25(16)		m^3	308.88	0.005	—	0.004	—
	细粒式沥青混凝土		m^3	888.00	—	0.003	—	—
	沥青碎石		t	330.00	—	0.009	—	—
	水		m^3	4.27	0.005	—	0.002	0.003
	其他材料费		元	1.00	0.130	0.290	0.180	0.100
机械	灰浆搅拌机 400L		台班	161.27	—	—	0.001	0.001
	混凝土振捣器 平板式		台班	12.54	0.001	—	0.001	0.001
	机动翻斗车 1t		台班	197.36	—	—	—	0.001
	钢轮内燃压路机 6t		台班	307.86	0.002	0.001	—	—
	电动空气压缩机 $6m^3/min$		台班	224.45	0.002	—	0.001	—

工作内容:凿除破损、修补裂缝、缺损、伸缩缝修补等。　　**计量单位**:10m²

定额编号					5-63	5-64	5-65
项目					园路、广场维护		
					花式园路、广场	大理石、花岗岩面层园路、广场	嵌卵石面层园路、广场
基价(元)					**51.08**	**59.47**	**42.56**
其中	人工费(元)				4.86	40.37	40.37
	材料费(元)				46.22	19.10	2.19
	机械费(元)				—	—	—
名称			单位	单价(元)	消耗量		
人工	二类人工		工日	135.00	0.036	0.299	0.299
材料	山砂 综合		t	26.21	0.005	—	—
	卵石 综合		t	52.33	—	—	0.013
	花岗岩板		m²	159.00	—	0.110	—
	黄道砖 150×75×25		百块	275.00	0.127	—	—
	园林用卵石 分色		t	238.00	—	—	0.003
	小青瓦 180×(170~180)		千张	560.00	0.016	—	—
	混合砂浆 M5.0		m³	227.82	—	0.003	0.003
	水		m³	4.27	—	0.004	0.003
	其他材料费		元	1.00	2.200	0.910	0.100

工作内容:凿除破损、修补裂缝、缺损、伸缩缝修补等。　　**计量单位**:10m²

定额编号				5-66	5-67
项目				园路、广场维护	
				仿古砖园路、广场	瓦(缸)片等面层园路、广场
基价(元)				**27.07**	**12.91**
其中	人工费(元)			7.02	9.72
	材料费(元)			19.89	3.19
	机械费(元)			0.16	—
名称		单位	单价(元)	消耗量	
人工	二类人工	工日	135.00	0.052	0.072
材料	山砂 综合	t	26.21	—	0.009
	方砖 400×400×50	百块	1 988.00	0.009	—
	小青瓦 180×(170~180)	千张	560.00	—	0.005
	水泥砂浆 1:1	m³	294.20	0.002	—
	混合砂浆 M5.0	m³	227.82	0.002	—
	其他材料费	元	1.00	0.950	0.150
机械	灰浆搅拌机 400L	台班	161.27	0.001	—

工作内容：检修墙面起壳、龟裂和剥落，墙面清底刷涂料。 **计量单位：**10m

定额编号				5-68
项目				围墙维护
				砖砌
基价（元）				**118.07**
其中	人工费（元）			97.34
	材料费（元）			20.25
	机械费（元）			0.48
名称		单位	单价(元)	消耗量
人工	二类人工	工日	135.00	0.721
材料	普通内墙涂料 803 型	kg	1.03	5.035
	石膏粉	kg	0.68	0.793
	羧甲基纤维素	kg	13.14	0.541
	水泥砂浆 1∶2	m^3	268.85	0.024
	水	m^3	4.27	0.002
	其他材料费	元	1.00	0.960
机械	灰浆搅拌机 400L	台班	161.27	0.003

工作内容:检修墙面起壳、龟裂和剥落,墙面清底刷涂料、修补钢构件破损、除锈刷色漆。 **计量单位**:10m

定额编号				5-69	5-70	5-71
项目				围墙维护		
				石、钢结构	钢、砖混合结构	钢丝网
基价(元)				**117.17**	**166.94**	**14.23**
其中	人工费(元)			84.38	88.83	6.89
	材料费(元)			32.79	77.63	7.25
	机械费(元)			—	0.48	0.09
名称		单位	单价(元)	消耗量		
人工	二类人工	工日	135.00	0.625	0.658	0.051
材料	钢筋 综合	kg	3.04	0.001	0.005	—
	扁钢 Q235B 综合	t	3 957.00	0.002	0.001	—
	角钢 Q235B 综合	t	3 966.00	—	0.001	—
	电焊条	kg	4.31	0.093	—	0.031
	镀锌铁丝网 $\phi10\times10\times0.9$	m^2	15.95	—	—	0.424
	毛石	m^3	—	(0.151)	—	—
	调和漆	kg	11.21	1.001	0.513	—
	高级丙烯酸外墙涂料 无光	kg	13.79	—	3.341	—
	红丹防锈漆	kg	6.90	0.810	0.493	—
	石膏粉	kg	0.68	—	0.526	—
	羧甲基纤维素	kg	13.14	—	0.359	—
	溶剂	kg	1.79	0.076	0.072	—
	焊接钢管 $\phi600$ 以内	t	3 879.00	0.001	—	—
	水泥砂浆 1:2	m^3	268.85	—	0.016	—
	干混砌筑砂浆 DM M5.0	kg	0.24	0.026	—	—
	现浇现拌混凝土 C20(16)	m^3	296.00	0.007	—	—
	现浇现拌混凝土 C25(16)	m^3	308.88	—	0.004	—
	汽油 综合	kg	6.12	0.002	0.003	—
	水	m^3	4.27	—	0.001	—
	其他材料费	元	1.00	1.560	3.700	0.350
机械	灰浆搅拌机 400L	台班	161.27	—	0.003	—
	交流弧焊机 32kV·A	台班	92.84	—	—	0.001

工作内容：1. 检修墙面起壳、龟裂和剥落，墙面清底刷涂料，检修压顶瓦、花边滴水；
2. 检修墙体、勾缝、刷涂料等。

计量单位：10m

定　额　编　号				5-72	5-73	5-74
项　　目				围墙维护		
				砖砌古式围墙(无漏窗)	砖砌古式围墙(有漏窗)	其他围墙
基　价（元）				**406.04**	**500.97**	**138.32**
其中	人　工　费（元）			94.64	116.91	72.50
	材　料　费（元）			310.75	383.25	65.34
	机　械　费（元）			0.65	0.81	0.48
名　称		单位	单价(元)	消　耗　量		
人工	二类人工	工日	135.00	0.701	0.866	0.537
材料	小青瓦 200×130	千块	862.00	0.217	0.267	—
	清油	kg	14.22	0.424	0.524	—
	高级丙烯酸外墙涂料 无光	kg	13.79	3.946	4.874	3.748
	石膏粉	kg	0.68	0.622	0.768	0.590
	羧甲基纤维素	kg	13.14	—	—	0.403
	蝴蝶瓦大号花边	百张	308.00	0.010	0.013	—
	蝴蝶瓦大号滴水	百张	308.00	0.010	0.013	—
	水泥砂浆 1:2	m^3	268.85	—	—	0.018
	石灰砂浆 1:3	m^3	236.24	0.173	0.213	—
	纸筋灰浆	m^3	331.19	0.003	0.004	—
	水	m^3	4.27	0.001	0.002	0.002
	其他材料费	元	1.00	14.800	18.250	3.110
机械	灰浆搅拌机 400L	台班	161.27	0.004	0.005	0.003

工作内容：巡查破损情况，定期保洁，检修加固，钢构件除锈、油漆刷面。

计量单位：万元

定　额　编　号				5-75	5-76	5-77	5-78
项　　目				其他小品(钢材质)		其他小品(混凝土材质)	
				5年以内	5年以上	5年以内	5年以上
基　价（元）				**314.58**	**471.93**	**262.13**	**419.48**
其中	人　工　费（元）			89.88	134.88	74.88	119.88
	材　料　费（元）			—	—	—	—
	机　械　费（元）			224.70	337.05	187.25	299.60
名　称		单位	单价(元)	消　耗　量			
人工	一类人工	工日	125.00	0.719	1.079	0.599	0.959
机械	维护费	元	1.00	224.700	337.050	187.250	299.600

工作内容:定期保洁、检修加固、破损修补。 **计量单位**:万元

定额编号				5-79	5-80
项目				其他小品(石材质)	
				5 年以内	5 年以上
基价(元)				**251.76**	**377.52**
其中	人工费(元)			72.00	107.88
	材料费(元)			—	—
	机械费(元)			179.76	269.64
名称		单位	单价(元)	消耗量	
人工	一类人工	工日	125.00	0.576	0.863
机械	维护费	元	1.00	179.760	269.640

三、其他零星维护

工作内容:定期刷洗维护、破损修补、结构检查。 **计量单位**:万元

定额编号				5-81	5-82	5-83	5-84
项目				雕塑(金属)		雕塑(塑钢、玻璃钢)	
				5 年以内	5 年以上	5 年以内	5 年以上
基价(元)				**209.68**	**367.03**	**367.03**	**524.25**
其中	人工费(元)			59.88	104.88	104.88	149.75
	材料费(元)			—	—	—	—
	机械费(元)			149.80	262.15	262.15	374.50
名称		单位	单价(元)	消耗量			
人工	一类人工	工日	125.00	0.479	0.839	0.839	1.198
机械	维护费	元	1.00	149.800	262.150	262.150	374.500

工作内容:定期刷洗维护,基座局部粉刷层和贴面破损、起壳的清底修补。 **计量单位**:10m²

定额编号				5-85
项目				雕塑基座贴面
基价(元)				**28.97**
其中	人工费(元)			12.96
	材料费(元)			15.69
	机械费(元)			0.32
名称		单位	单价(元)	消耗量
人工	二类人工	工日	135.00	0.096
材料	白色硅酸盐水泥 32.5 二级白度	kg	0.53	0.027
	草酸	kg	3.88	0.001
	大理石板	m^2	119.00	0.112
	煤油	kg	3.79	0.005
	铜丝	kg	58.45	0.005
	清油	kg	14.22	0.001
	铁件	kg	3.71	0.046
	硬石蜡	kg	3.95	0.004
	钢筋 综合	kg	3.04	0.001
	溶剂	kg	1.79	0.001
	水泥砂浆 1:2	m^3	268.85	0.004
	水	m^3	4.27	0.001
	其他材料费	元	1.00	0.750
机械	灰浆搅拌机 400L	台班	161.27	0.001
	电动卷扬机 - 单筒快速 5kN	台班	157.60	0.001

工作内容:松动倾斜扶正加固、清洗。 **计量单位**:万元

定额编号				5-86	5-87	5-88	5-89
项目				树穴盖板维护(铸铁)		树穴盖板维护(塑钢)	
				5年以内	5年以上	5年以内	5年以上
基价(元)				**209.68**	**419.48**	**367.03**	**524.25**
其中	人工费(元)			59.88	119.88	104.88	149.75
	材料费(元)			—	—	—	—
	机械费(元)			149.80	299.60	262.15	374.50
名称		单位	单价(元)	消耗量			
人工	一类人工	工日	125.00	0.479	0.959	0.839	1.198
机械	维护费	元	1.00	149.800	299.600	262.150	374.500

工作内容:松动倾斜扶正加固、破损修补、清洗。 **计量单位:**万元

定额编号				5-90	5-91
项目				树穴盖板维护(混凝土)	
				5 年以内	5 年以上
基价(元)				**299.58**	**449.44**
其中	人工费(元)			74.88	119.88
	材料费(元)			—	—
	机械费(元)			224.70	329.56
名称		单位	单价(元)	消耗量	
人工	一类人工	工日	125.00	0.599	0.959
机械	维护费	元	1.00	224.700	329.560

工作内容:放水刷洗池壁、凿除破损面层、修补面层、维护、补充水量。 **计量单位:**$10m^2$

定额编号				5-92	5-93
项目				水池底壁	
				水泥砂浆面层	块料式面层
基价(元)				**46.66**	**138.36**
其中	人工费(元)			34.43	112.32
	材料费(元)			11.75	25.39
	机械费(元)			0.48	0.65
名称		单位	单价(元)	消耗量	
人工	二类人工	工日	135.00	0.255	0.832
材料	普通硅酸盐水泥 P·O 42.5 综合	kg	0.34	—	0.101
	陶瓷锦砖	m^2	15.60	—	1.023
	防水粉	kg	6.64	0.588	—
	水	m^3	4.27	0.385	0.026
	水泥砂浆 1:1	m^3	294.20	—	0.026
	水泥砂浆 1:2	m^3	268.85	0.021	—
	纯水泥浆	m^3	430.36	—	0.001
	其他材料费	元	1.00	0.560	1.210
机械	灰浆搅拌机 400L	台班	161.27	0.003	0.004

第六章
设备、设施维护

说 明

一、本章定额包括设备维护、设施维护和其他零星维护。

二、各类设备维护、设施维护和其他零星维护等项目，除能源费用项目外，其余按已投入使用年限分5年以内和5年以上两种情况设置。

三、若实际维护费用超过定额规定的费用时，可申请专项费用进行改造、大修，工程改造大修以后，各类设备、设施以及其他零星等项目其价值须重新评估，经评估后，维护率重新按5年以内计算。

四、项目说明。

1. 设备维护项目。

(1)配电房设备：适用于配电房内各类设备的检修、保养。

(2)水闸、泵房设备：适用于水闸、泵房内各类设备的检修、保养。

(3)车辆设备：适用于除定额机械台班设备以外的，其他的各种吨位和动力的非经营性特种车辆设备的检修、保养。

(4)机具设备：适用于各类工机具设备的检修、保养。

(5)消防设备：适用于各类消防设备的检修、保养。

(6)健身设备：适用于各类健身设备的检修、保养。

(7)其他设备：适用于其他设备的检修、保养。

2. 设施维护项目。

(1)给水系统：适用于以各种材质、各种管径组成的地上和地下的专用供水管网，以及各种阀门、表具、龙头、喷淋装置等的维护。

(2)排水系统：适用于以各种材质、各种管径组成的专用雨水和污水排水管网，以及排水闸门、拦污栅等的维护。

(3)电力、照明系统：适用于各种规格的电线、电缆所组成的内部供电网和灯杆、照明灯具、开关、开关箱、表具、变压器、接线盒、连接件等的维护。

(4)广播、监控系统：适用于各种规格、各种材质组成的广播、监控线路和广播音响控制台、监控台以及广播音响、电脑终端、监控报警装置等的维护。

(5)制冷、供暖系统：适用于各种规格、各种材质组成的内部线路和制冷、供暖设施等的维护。

(6)能源费用(年费用)：适用于非经营所需的能源费。

(7)其他设施：适用于各类非经营性其他设施的维护。

3. 其他零星维护项目。

(1)园椅、园凳：适用于铁、混凝土、石、木质等不同材质的园椅、园凳的维护。

(2)垃圾箱(筒)：适用于不锈钢、塑钢、混凝土等不同材质的垃圾箱(筒)的维护。

(3)报廊、指示牌、告示牌：适用于不锈钢、木、塑钢等不同材质的报廊、指示牌、告示牌的维护。

(4)植物铭牌：适用于不锈钢、竹、木、塑钢等不同材质的植物铭牌的维护。

(5)其他零星维护：适用于上述项目以外的其他零星项目的维护。

五、本章定额除定额说明者外，消耗量均不做调整。

六、本章定额中维护项目费用计算均采用以工程造价为基础计算。

七、本章的能源费用按前三年实际支出的平均数计算。

八、费用的计算范围均为非经营性维护费用，不包括经营性维护费用。

九、本章定额不包括高架桥绿化挂箱的维护费用，挂箱维护费已在相应绿化养护定额中考虑。

工程量计算规则

一、设备维护项目。计算基础是该维护项目的工程造价。主要计算依据为该维护项目的设备购置费,如需安装的则加上安装费用,如设备购置与安装一体化的,则以竣工结算为依据。如缺乏购置凭证和竣工结算资料的,可用该维护项目设备的固定资产原值为计算依据。

二、设施维护项目。计算基础是该维护项目的工程造价。主要计算依据为该维护项目的工程竣工结算投资额,如缺乏结算资料和工程造价,可用该维护项目的固定资产原值为计算依据。

三、设施维护项目中的能源费用(年费用),计算基础和依据为项目前三年实际年平均支付在项目范围内的水费、电费、燃气费、燃油费等各类能源财务开支费用,以"元"为计量单位计算。

$$\text{每年能源费用}=\frac{\text{前三年能源费实际支出之和}}{3}$$

四、其他零星维护项目。包括其他设备、其他设施项目,其计算基础为该维护项目的工程造价。主要计算依据为该维护项目的工程竣工结算投资额,如缺乏结算资料和工程造价,可用该维护项目的固定资产原值为计算依据。

五、按工程造价计算的维护项目。项目维护费以"万元"为计量单位。

六、本章项目(除能源费用外)维护费用的计算基础均为项目的工程造价。项目在使用中进行的局部改造所产生的费用,均不得追加作为计算依据,若维护费用不够时,可申请专项更新改造费用,但更新改造当年不得计算维护费用。更新改造后的重新评估价值作为第二年的计算维护费用的依据。

一、设 备 维 护

工作内容：检修、保养各类配电房设备、水闸、泵房设备。　　　　计量单位：万元

定额编号				6-1	6-2	6-3	6-4
项目				配电房设备		水闸、泵房设备	
				5年以内	5年以上	5年以内	5年以上
基价（元）				**225.05**	**337.50**	**225.05**	**337.50**
其中	人工费（元）			90.05	135.00	90.05	135.00
	材料费（元）			135.00	202.50	135.00	202.50
	机械费（元）			—	—	—	—
名称		单位	单价(元)	消耗量			
人工	二类人工	工日	135.00	0.667	1.000	0.667	1.000
材料	维护材料费	元	1.00	135.000	202.500	135.000	202.500

工作内容：检修、保养各类非经营性特种车辆设备、机具设备。　　　　计量单位：万元

定额编号				6-5	6-6	6-7	6-8
项目				车辆设备		机具设备	
				5年以内	5年以上	5年以内	5年以上
基价（元）				**262.53**	**374.99**	**149.94**	**262.53**
其中	人工费（元）			105.03	149.99	59.94	105.03
	材料费（元）			157.50	225.00	90.00	157.50
	机械费（元）			—	—	—	—
名称		单位	单价(元)	消耗量			
人工	二类人工	工日	135.00	0.778	1.111	0.444	0.778
材料	维护材料费	元	1.00	157.500	225.000	90.000	157.500

工作内容:检修、保养各类消防、健身设备。 计量单位:万元

定额编号				6-9	6-10	6-11	6-12
项目				消防设备		健身设备	
				5 年以内	5 年以上	5 年以内	5 年以上
基价(元)				225.05	337.50	187.56	300.02
其中	人工费(元)			90.05	135.00	75.06	120.02
	材料费(元)			135.00	202.50	112.50	180.00
	机械费(元)			—	—	—	—
名称		单位	单价(元)	消耗量			
人工	二类人工	工日	135.00	0.667	1.000	0.556	0.889
材料	维护材料费	元	1.00	135.000	202.500	112.500	180.000

工作内容:检修、保养各类其他设备。 计量单位:万元

定额编号				6-13	6-14
项目				其他设备	
				5 年以内	5 年以上
基价(元)				225.05	337.50
其中	人工费(元)			90.05	135.00
	材料费(元)			135.00	202.50
	机械费(元)			—	—
名称		单位	单价(元)	消耗量	
人工	二类人工	工日	135.00	0.667	1.000
材料	维护材料费	元	1.00	135.000	202.500

二、设 施 维 护

工作内容:检修和试水管道、连接管、阀门、龙头、喷淋装置、管道保护及保暖设施维护。 **计量单位**:万元

定额编号				6-15	6-16	6-17	6-18
项目				给水系统		排水系统	
				5 年以内	5 年以上	5 年以内	5 年以上
基价(元)				**187.56**	**300.02**	**149.94**	**262.53**
其中	人工费(元)			75.06	120.02	59.94	105.03
	材料费(元)			112.50	180.00	90.00	157.50
	机械费(元)			—	—	—	—
名称		单位	单价(元)	消耗量			
人工	二类人工	工日	135.00	0.556	0.889	0.444	0.778
材料	维护材料费	元	1.00	112.500	180.000	90.000	157.500

工作内容:检修和调试线路、管道、表具、开关和开关箱、变压器、接线盒、连接件等;清洗、油漆灯杆、灯箱、灯具,检查照明器具、排除故障、系统维护。 **计量单位**:万元

定额编号				6-19	6-20	6-21	6-22
项目				电力、照明系统		广播、监控系统	
				5 年以内	5 年以上	5 年以内	5 年以上
基价(元)				**225.05**	**337.50**	**225.05**	**337.50**
其中	人工费(元)			90.05	135.00	90.05	135.00
	材料费(元)			135.00	202.50	135.00	202.50
	机械费(元)			—	—	—	—
名称		单位	单价(元)	消耗量			
人工	二类人工	工日	135.00	0.667	1.000	0.667	1.000
材料	维护材料费	元	1.00	135.000	202.500	135.000	202.500

工作内容:检修、调试制冷、供暖的设备、内部线路和控制台排除故障、器械消毒等。 **计量单位**:万元

定额编号				6-23	6-24
项目				制冷、供暖系统	
				5 年以内	5 年以上
基价(元)				**262.53**	**374.99**
其中	人工费(元)			105.03	149.99
	材料费(元)			157.50	225.00
	机械费(元)			—	—
名称		单位	单价(元)	消耗量	
人工	二类人工	工日	135.00	0.778	1.111
材料	维护材料费	元	1.00	157.500	225.000

工作内容:前三年实际平均支付在项目范围内的水费、电费、燃气费、燃油费等各类能源财务开支费用。 **计量单位**:元

定额编号				6-25
项目				能源费用(年费用)
				前三年累计平均费用
基价(元)				**1.00**
其中	人工费(元)			—
	材料费(元)			1.00
	机械费(元)			—
名称		单位	单价(元)	消耗量
材料	能源费用(年费)前三年累计平均费用	元	1.00	1.000

工作内容：检修、保养各类其他设施。 计量单位：万元

定额编号				6-26	6-27
项目				其他设施	
				5年以内	5年以上
基价（元）				**225.05**	**337.50**
其中	人工费（元）			90.05	135.00
	材料费（元）			135.00	202.50
	机械费（元）			—	—
名称		单位	单价（元）	消耗量	
人工	二类人工	工日	135.00	0.667	1.000
材料	维护材料费	元	1.00	135.000	202.500

三、其他零星维护

工作内容：清底刷漆、检修破损，松动、扶正加固、清洗保洁。 计量单位：万元

定额编号				6-28	6-29	6-30	6-31
项目				园椅、园凳维护			
				铸铁（不锈钢）	混凝土	石	木
				5年以内			
基价（元）				**190.01**	**228.06**	**151.95**	**225.05**
其中	人工费（元）			76.01	91.26	60.75	90.05
	材料费（元）			114.00	136.80	91.20	135.00
	机械费（元）			—	—	—	—
名称		单位	单价（元）	消耗量			
人工	二类人工	工日	135.00	0.563	0.676	0.450	0.667
材料	维护材料费	元	1.00	114.000	136.800	91.200	135.000

工作内容:清底刷漆、检修破损,松动、扶正加固、清洗保洁。　　　　**计量单位**:万元

定额编号				6-32	6-33	6-34	6-35
项目				园椅、园凳维护			
				铸铁(不锈钢)	混凝土	石	木
				5年以上			
基价(元)				**304.04**	**341.96**	**265.98**	**337.50**
其中	人工费(元)			121.64	136.76	106.38	135.00
	材料费(元)			182.40	205.20	159.60	202.50
	机械费(元)			—	—	—	—
名称		单位	单价(元)	消耗量			
人工	二类人工	工日	135.00	0.901	1.013	0.788	1.000
材料	维护材料费	元	1.00	182.400	205.200	159.600	202.500

工作内容:清除垃圾、松动扶正加固、金属面油漆、清洗保洁。　　　　**计量单位**:万元

定额编号				6-36	6-37	6-38
项目				垃圾箱(筒)维护		
				不锈钢	塑钢	混凝土
				5年以内		
基价(元)				**151.95**	**228.06**	**225.05**
其中	人工费(元)			60.75	91.26	90.05
	材料费(元)			91.20	136.80	135.00
	机械费(元)			—	—	—
名称		单位	单价(元)	消耗量		
人工	二类人工	工日	135.00	0.450	0.676	0.667
材料	维护材料费	元	1.00	91.200	136.800	135.000

工作内容：清除垃圾、松动扶正加固、金属面油漆、清洗保洁。　　计量单位：万元

定额编号				6-39	6-40	6-41
项目				垃圾箱(筒)维护		
				不锈钢	塑钢	混凝土
				5 年以上		
基价（元）				265.98	341.96	337.50
其中	人工费（元）			106.38	136.76	135.00
	材料费（元）			159.60	205.20	202.50
	机械费（元）			—	—	—
名称		单位	单价(元)	消耗量		
人工	二类人工	工日	135.00	0.788	1.013	1.000
材料	维护材料费	元	1.00	159.600	205.200	202.500

工作内容：清底刷漆、检修基础、松动扶正加固、清洗保洁。　　计量单位：万元

定额编号				6-42	6-43	6-44
项目				报廊、指示牌、告示牌维护		
				不锈钢	木	塑钢
				5 年以内		
基价（元）				151.95	225.05	265.98
其中	人工费（元）			60.75	90.05	106.38
	材料费（元）			91.20	135.00	159.60
	机械费（元）			—	—	—
名称		单位	单价(元)	消耗量		
人工	二类人工	工日	135.00	0.450	0.667	0.788
材料	维护材料费	元	1.00	91.200	135.000	159.600

工作内容:清底刷漆、检修基础、松动扶正加固、清洗保洁。 **计量单位**:万元

定额编号				6-45	6-46	6-47
项目				报廊、指示牌、告示牌维护		
				不锈钢	木	塑钢
				5 年以上		
基价(元)				**265.98**	**337.50**	**380.01**
其中	人工费(元)			106.38	135.00	152.01
	材料费(元)			159.60	202.50	228.00
	机械费(元)			—	—	—
名称		单位	单价(元)	消耗量		
人工	二类人工	工日	135.00	0.788	1.000	1.126
材料	维护材料费	元	1.00	159.600	202.500	228.000

工作内容:松动倾斜扶正加固,破损修补、清洗定期保洁。 **计量单位**:万元

定额编号				6-48	6-49	6-50
项目				植物铭牌维护		
				不锈钢	塑钢	竹、木
				5 年以内		
基价(元)				**151.95**	**225.05**	**265.98**
其中	人工费(元)			60.75	90.05	106.38
	材料费(元)			91.20	135.00	159.60
	机械费(元)			—	—	—
名称		单位	单价(元)	消耗量		
人工	二类人工	工日	135.00	0.450	0.667	0.788
材料	维护材料费	元	1.00	91.200	135.000	159.600

工作内容：松动倾斜扶正加固，破损修补、清洗定期保洁。　　计量单位：万元

定额编号				6-51	6-52	6-53
项目				植物铭牌维护		
				不锈钢	塑钢	竹、木
				5年以上		
基价（元）				265.98	337.50	380.01
其中	人工费（元）			106.38	135.00	152.01
	材料费（元）			159.60	202.50	228.00
	机械费（元）			—	—	—
名称		单位	单价(元)	消耗量		
人工	二类人工	工日	135.00	0.788	1.000	1.126
材料	维护材料费	元	1.00	159.600	202.500	228.000

工作内容：松动倾斜扶正加固，破损修补、清洗定期保洁。　　计量单位：万元

定额编号				6-54	6-55
项目				其他零星维护	
				5年以内	5年以上
基价（元）				225.05	337.50
其中	人工费（元）			90.05	135.00
	材料费（元）			135.00	202.50
	机械费（元）			—	—
名称		单位	单价(元)	消耗量	
人工	二类人工	工日	135.00	0.667	1.000
材料	维护材料费	元	1.00	135.000	202.500

第七章

保障措施项目

说　　明

一、本章定额包括保洁措施、巡视措施、防护措施三部分，具体包括河道保洁，湖泊保洁，池水保洁，砂石滩保洁维护，垃圾处理，广场、道路保洁，厕所保洁、绿地专项巡视，治安巡视、树木刷白。定额中的分类按园林绿化养护工程绿地养护标准等级分为一类、二类、三类三个类别。

二、本章内容适用于园林绿地范围以内的保洁、巡视、防护预算费用的计算。

三、河道、湖泊及池水保洁定额子目适用于绿地范围内河、湖、池等水体保洁，同时适用于城市河道流经绿地水域内的水体保洁以及自然水体保洁。定额以每天清理一次为准，若两天清理一次，定额乘以系数0.5，并以此类推。本定额以人工打捞水面垃圾为主，无论采用什么方式，均不做调整。

四、河道、湖泊保洁定额，未包括可能涉及的喷头、水下彩灯、喷泉设施等工作内容，若发生可参照本定额第六章“设备、设施维护”相关内容和规定，另行计算。

五、砂石滩保洁定额子目适用于绿地范围内河、湖、池等水体边的砂石滩保洁。

六、垃圾处理指收集到公园集中堆放点，未包括场外清运费、垃圾处置费等费用，若发生上述费用，可按环卫相关管理规定（或合同）另行计算，但不得重复计算相应定额费用。

七、广场、道路保洁定额子目适用于道路、广场保洁；绿化（地）内保洁已在园林植物日常养护相关定额中包括，不再单列、重复计算。

广场、道路保洁较高等级具体标准（低于较高等级标准的按一般等级标准执行）：

一类园林绿化养护工程的广场、道路保洁较高标准：每天清扫两次，每9 000～12 000m^2绿化养护面积，安排清扫人员1人。

二类园林绿化养护工程的广场、道路保洁较高标准：每天清扫两次，每12 000～15 000m^2绿化养护面积，安排清扫人员1人。

三类园林绿化养护工程的广场、道路保洁标准：每天清扫一次，每15 000～25 000m^2绿地面积，安排清扫人员1人。

八、厕所保洁定额按绿地内厕所的清洁、清扫人员的配备编制，不包括因业主要求临时聘用的保洁人员。

九、厕所保洁（固定）定额分为10厕位（含蹲位、坐位、站位，下同）以内、20厕位以内，若厕位在20以上、30以内，人工、材料乘以系数1.30换算；厕所保洁（流动）定额分为5厕位以内、8厕位以内，若8厕位以上、14厕位以内，人工、材料乘以系数1.30换算；定额中的材料均为低值消耗材料；水、电费用在本定额第六章的能源费用定额中列支。

十、绿地专项巡视定额包括病虫害防治巡视、水面巡视、防火巡视、动植物资源调查等巡视。

一、二类园林绿化养护工程的绿地专项巡视较高等级具体标准（低于较高等级标准的按一般等级标准执行）：每35 000～42 500m^2绿地面积每天安排绿地专项巡视人员1人。

三类园林绿化养护工程的绿地专项巡视标准：每80 000～100 000m^2绿地面积每天安排绿地专项巡视人员1人。

十一、治安巡视定额适用于一类、二类园林绿化养护工程绿地养护范围内的治安巡视，不包括因社会发展、和谐稳定需要而开发的公共岗位的安保人员。

治安巡视较高等级具体标准（低于较高等级标准的按一般等级标准执行）：24小时巡视，白天每30 000～35 000m^2绿化养护面积安排治安巡视人员1人2班，晚间每55 000～70 000m^2绿化养护面积安排治安巡视人员1人。

十二、绿地专项巡视、治安巡视定额未包含机械费用。

工程量计算规则

一、河道、湖泊及池水保洁定额的水面宽度以河、湖及池水的平均宽度为准。按河道、湖泊及池面的平均宽度乘以长度,以面积“m^2”计算。

二、砂石滩保洁定额按保洁区域以面积“m^2”计算。

三、垃圾处理定额的数量以“t”计算。

四、广场、道路保洁定额区分标准等级、每天清扫次数,按清扫区域以面积“m^2”计算。

五、厕所保洁定额区分每处厕所厕位数量(不分男女),以“处”计算。

六、绿地专项巡视、治安巡视定额按巡视区域以面积“m^2”计算。

七、树木刷白定额以“株”计算。

一、保洁措施

工作内容:清捞水面垃圾、漂浮物、植物残体,保持水面清洁,分类垃圾、垃圾卸至指定地点,水面巡视。

计量单位:1 000m²

定额编号				7-1	7-2	7-3	7-4	7-5
项目				河道保洁				
				宽度(m)				
				10 以内	20 以内	30 以内	40 以内	40 以上
基价(元)				**817.85**	**778.53**	**648.73**	**551.79**	**459.53**
其中	人工费(元)			743.50	707.75	589.75	501.63	417.75
	材料费(元)			74.35	70.78	58.98	50.16	41.78
	机械费(元)			—	—	—	—	—
名称		单位	单价(元)	消耗量				
人工	一类人工	工日	125.00	5.948	5.662	4.718	4.013	3.342
材料	材料费(占人工费)	元	1.00	74.350	70.780	58.980	50.160	41.780

工作内容:清捞水面垃圾、漂浮物、植物残体,保持水面清洁、补水,分类垃圾、垃圾卸至指定地点、湖泊巡视。

计量单位:1 000m²

定额编号				7-6	7-7	7-8
项目				湖泊保洁		
				5 000m² 以内	10 000m² 以内	10 000m² 以上
基价(元)				**1 427.25**	**1 233.24**	**1 037.99**
其中	人工费(元)			1 297.50	1 121.13	943.63
	材料费(元)			129.75	112.11	94.36
	机械费(元)			—	—	—
名称		单位	单价(元)	消耗量		
人工	一类人工	工日	125.00	10.380	8.969	7.549
材料	材料费(占人工费)	元	1.00	129.750	112.110	94.360

工作内容:清捞水面垃圾、漂浮物、植物残体,保持水面清洁、补水,分类垃圾、垃圾卸至指定地点。 **计量单位**:100m²

定额编号				7-9	7-10	7-11
项目				池水保洁		
				500m² 以下	1 000m² 以下	1 000m² 以上
基价(元)				**247.23**	**207.63**	**169.40**
其中	人工费(元)			224.75	188.75	154.00
	材料费(元)			22.48	18.88	15.40
	机械费(元)			—	—	—
名称		单位	单价(元)	消耗量		
人工	一类人工	工日	125.00	1.798	1.510	1.232
材料	材料费(占人工费)	元	1.00	22.480	18.880	15.400

工作内容:清检砂(石)、补充砂(石)量、检查栏砂等设施。 **计量单位**:100m²

定额编号				7-12
项目				砂石滩保洁维护
基价(元)				**242.11**
其中	人工费(元)			75.25
	材料费(元)			166.86
	机械费(元)			—
名称		单位	单价(元)	消耗量
人工	一类人工	工日	125.00	0.602
材料	黄砂 净砂(中粗砂)	t	102.00	1.558
	其他材料费	元	1.00	7.950

工作内容:收集垃圾、枯枝落叶、分类、集中堆放。　　**计量单位**:t

定额编号				7-13
项目				垃圾处理
基价(元)				**74.13**
其中	人工费(元)			74.13
	材料费(元)			—
	机械费(元)			—
名称		单位	单价(元)	消耗量
人工	一类人工	工日	125.00	0.593

工作内容:路面清扫、保洁、分类垃圾、垃圾堆放,检查广场、道路破损情况。　　**计量单位**:1 000m^2

定额编号				7-14	7-15	7-16	7-17	7-18
项目				广场、道路保洁				
				一类		二类		三类
				每天清扫两次				每天清扫一次
				较高	一般	较高	一般	
基价(元)				**4 757.34**	**3 699.91**	**3 699.91**	**3 029.61**	**2 499.18**
其中	人工费(元)			4 546.50	3 532.00	3 532.00	2 892.50	2 386.50
	材料费(元)			210.84	167.91	167.91	137.11	112.68
	机械费(元)			—	—	—	—	—
名称		单位	单价(元)	消耗量				
人工	一类人工	工日	125.00	36.372	28.256	28.256	23.140	19.092
材料	大扫帚	把	7.77	21.756	16.905	16.905	13.843	11.422
	垃圾夹	把	10.36	0.727	0.565	0.565	0.407	0.316
	小车	辆	302.05	0.020	0.015	0.015	0.013	0.010
	畚箕	只	11.39	0.178	0.138	0.138	0.113	0.093
	抹布	条	4.14	3.282	3.388	3.388	2.774	2.289
	铁锹	把	18.64	0.138	0.138	0.138	0.113	0.093
	其他材料费	元	1.00	10.040	8.000	8.000	6.530	5.370

工作内容:厕所保洁与消毒。　　**计量单位:**处

定额编号				7-19	7-20	7-21	7-22
项目				厕所保洁(固定)		厕所保洁(流动)	
				10 厕位以内	20 厕位以内	5 厕位以内	8 厕位以内
基价(元)				**30 328.26**	**46 462.60**	**35 873.59**	**53 748.35**
其中	人工费(元)			28 240.88	43 447.50	34 757.88	52 136.75
	材料费(元)			2 087.38	3 015.10	1 115.71	1 611.60
	机械费(元)			—	—	—	—
名称		单位	单价(元)	消耗量			
人工	一类人工	工日	125.00	225.927	347.580	278.063	417.094
材料	香皂	块	5.00	20.800	30.044	—	—
	垃圾袋	只	0.08	1 560.375	2 253.875	780.188	1 126.938
	长柄刷	把	15.53	5.196	7.505	5.196	7.505
	地板刷	把	20.71	5.196	7.505	1.732	2.502
	废纸篓	只	5.18	4.275	6.176	2.138	3.088
	小扫帚	把	5.18	1.732	2.502	1.732	2.502
	塑料水桶	只	18.64	0.858	1.240	0.421	0.609
	畚箕	只	11.39	0.421	0.609	0.421	0.609
	拖畚	把	31.07	5.196	7.505	5.196	7.505
	抹布	条	4.14	15.604	22.539	10.392	15.011
	洁厕精	瓶	12.43	104.015	150.243	52.007	75.122
	其他材料费	元	1.00	99.400	143.580	53.130	76.740

二、巡视措施

工作内容:病虫害防治巡视、水面巡视、防火巡视、治安巡视、动植物资源调查等专项标准巡视工作。　　**计量单位:**1 000m^2

定额编号				7-23	7-24	7-25	7-26	7-27
项目				绿地专项巡视		绿地专项巡视	治安巡视	
				一、二类		三类	一、二类	
				较高	一般		较高	一般
基价(元)				**1 290.17**	**1 080.07**	**560.04**	**3 760.08**	**2 500.03**
其中	人工费(元)			1 172.88	981.88	509.13	3 418.25	2 272.75
	材料费(元)			117.29	98.19	50.91	341.83	227.28
	机械费(元)			—	—	—	—	—
名称		单位	单价(元)	消耗量				
人工	一类人工	工日	125.00	9.383	7.855	4.073	27.346	18.182
材料	材料费(占人工费)	元	1.00	117.290	98.190	50.910	341.830	227.280

三、防 护 措 施

工作内容：树干高度≤1.3m调浆、标线、刷白。　　　　**计量单位：**10株

定额编号				7-28
项目				树木刷白
基价（元）				**51.40**
其中	人工费（元）			51.38
	材料费（元）			0.02
	机械费（元）			—
名称		单位	单价(元)	消耗量
人工	一类人工	工日	125.00	0.411
材料	生石灰	kg	0.30	0.032
	水	m^3	4.27	0.002
	其他材料费	元	1.00	0.002

第八章
园林绿化养护平方米单价

说　明

一、园林绿化养护平方米单价包括绿地养护、非植物元素项目维护及保障三部分内容。园林绿化养护平方米综合单价按绿地养护等级分一类、二类、三类三个类别，其中一、二类园林绿化养护的综合单价按其维护、保障要求不同分较高、一般两个等级，三类园林绿化养护的综合单价其维护、保障均按一般等级编制。

二、园林绿化养护工程根据绿地面积占园林绿化工程总面积的不同比例分为占比 60% 以内、占比 80% 以内及占比 80% 以上三种。

三、绿地养护根据草坪面积占绿地面积的不同比例分为占比 30% 以内、占比 50% 以内及占比 50% 以上三种。

四、相对于人流比较集中、园林设施齐全、维护保障要求较高的名胜、景点等的园林绿化养护工程，考虑其维护保障工作量较大，其维护要求按较高等级编制。较高等级具体标准如下：

1. 绿地专项巡视：每 35 000 ~ 42 500m^2绿地面积每天安排绿地专项巡视人员 1 人；

2. 治安巡视：24 小时巡视，白天每 30 000 ~ 35 000m^2绿化养护面积安排治安巡视人员 1 人 2 班，晚间每 55 000 ~ 70 000m^2绿化养护面积安排治安巡视人员 1 人。

3. 广场、园路保洁：每天清扫二次，每 9 000 ~ 12 000m^2保洁面积每天安排保洁员 1 人。

五、园林绿化养护平方米综合单价中，一类绿地、二类绿地分为含治安巡视费及不含巡视费两档标准，各项目可依据项目的实际情况选用。三类绿地平方米综合单价不含治安巡视费。

六、园林绿化养护平方米综合单价是根据园林绿化养护的典型工程进行测算编制的，其中绿地养护包括乔木、灌木、竹类、球形植物、地被植物、草坪、水生植物等常见植物养护及绿地环境清理，不包括时花、特大树、名贵植物、古树名木的养护；维护保障包括常规公园内建筑小品及其他零星维护、设备设施维护、能源消耗、保洁措施及巡视保障措施等，不包括因业主原因临时需要增加的保洁、巡视人员费用。

七、园林绿化养护工程面积是指园林绿化工程总面积（简称总面积），包括绿地面积、建筑和小品面积、设备和设施面积、保障措施面积。

八、本平方米综合单价组成表中建筑、小品、设备、设施分部综合单价维护要求较高的，按定额费用的 45% 测算；维护要求一般的，按定额费用的 35% 测算；实际维护率不同，可做相应调整。

工程面积计算规则

一、园林绿化养护工程面积按所需养护的占地面积计算,包括公园或绿地内的自身水系面积,不包括大型的湖及江等水域面积。

二、绿地面积按实际绿化养护面积计算,不包括容器植物等可移动绿化占地面积。水生植物按水面面积计算。绿地面积应扣除建筑小品和水面积等在绿地中的所占面积及绿地表面单体超过 1.0m^2 以上的设备、设施小品等所占的面积。不扣除绿地内单体在 1.0m^2 以内的设备、构件和基础等占地面积。

三、建筑和小品面积计算。

1. 园林建筑。

(1)普通建筑参照《建筑工程建筑面积计算规范》GB/T 50353 - 2013 的规定计算建筑面积(详见附录二)。

(2)古典建筑参照《仿古建筑工程建筑面积计算规定》计算建筑面积(详见附录三)。

2. 园林小品。

(1)无顶盖的花架、廊,假山(含塑假山及各种峰石),雕塑基座、花坛等园林小品按实际占地面积计算。

(2)园路、广场(含路沿侧石)面积不扣除园路、广场内的设备、设施、树穴等占地面积。

(3)围墙、驳岸、栏杆、附壁石等零星小品不计算占地面积。

四、设备和设施面积计算。

1. 绿地内单体在 1.0m^2 以内的设备、构件和基础等占地面积已包括在绿地面积中,不再重复计算。

2. 园路、广场内的设备、设施等占地面积已包括在园林工程面积中,不再重复计算。

3. 上、下水系统;电力照明、制冷制暖设备,园椅、园凳,垃圾筒、报架廊、告示牌等设施不计算占地面积。

五、保障措施面积计算。

1. 绿地内河道、水塘、水池等蓄水面积,按常年平均水位计算其水面面积。

2. 园路、广场保洁面积参照本章园林小品有关规定计算其实际面积。

3. 绿地巡视面积计算。

(1)绿地专项巡视参照本章绿地面积有关规定计算巡视面积。

(2)治安巡视按本章园林绿化养护工程面积计算巡视面积,包括绿地面积、建筑和小品面积、设备和设施面积、保障措施面积。

(3)厕所、售票房等面积参照本章园林建筑有关规定计算。

六、园林绿化养护平方综合单价表的面积计算。

绿地养护、建筑小品设备设施维护、保洁措施、巡视措施面积计算均参照本章园林绿化养护工程面积有关规定计算。

七、园林绿化养护分项平方米单价表的面积计算。

1. 绿地养护面积参照本章绿地面积有关规定计算。

2. 建筑和小品维护、设备和设施指标面积参照本章园林绿化养护工程面积有关规定计算。

3. 园路广场保洁面积参照本章园路、广场保洁面积有关规定计算。

4. 绿地专项巡视面积、治安巡视面积参照本章保障措施面积计算有关规定计算。

一、园林绿化养护平方米综合单价表

计量单位：m²

编号	项目特征		维护要求	平方米综合单价(元)				
	绿地占比 A	草坪占绿地比例 S		一类绿地		二类绿地		三类绿地
				含治安巡视	不含治安巡视	含治安巡视	不含治安巡视	
8-1-1	$A\leqslant60\%$	$S>50\%$	较高	11.58~15.36	8.16~10.96	10.21~13.33	6.79~8.93	4.54~6.60
8-1-2			一般	9.69~12.85	7.44~10.10	8.50~10.98	6.25~8.23	
8-1-3		$30\%<S\leqslant50\%$	较高	11.26~14.82	7.84~10.42	10.04~13.05	6.62~8.65	4.52~6.52
8-1-4			一般	9.45~12.38	7.20~9.63	8.36~10.75	6.11~8.00	
8-1-5		$S\leqslant30\%$	较高	11.10~14.34	7.68~9.95	9.97~12.82	6.55~8.43	4.52~6.49
8-1-6			一般	9.32~12.00	7.07~9.25	8.29~10.58	6.04~7.83	
8-1-7	$60\%<A\leqslant80\%$	$S>50\%$	较高	12.74~16.83	9.32~12.43	11.00~14.46	7.58~10.07	5.03~7.07
8-1-8			一般	11.00~14.49	8.75~11.74	9.34~12.2	6.65~8.70	
8-1-9		$30\%<S\leqslant50\%$	较高	12.12~15.70	8.70~11.31	10.57~13.60	7.09~9.45	4.76~6.69
8-1-10			一般	10.40~13.38	8.15~10.63	8.93~11.35	6.68~8.60	
8-1-11		$S\leqslant30\%$	较高	11.78~14.85	8.36~10.46	10.34~13.02	6.92~8.63	4.61~6.31
8-1-12			一般	10.06~12.56	7.81~9.81	8.70~10.79	6.45~8.04	
8-1-13	$A>80\%$	$S>50\%$	较高	14.03~17.68	10.61~13.29	11.92~15.15	8.50~10.75	5.71~7.35
8-1-14			一般	12.40~15.41	10.15~12.66	10.45~12.92	8.20~10.17	
8-1-15		$30\%<S\leqslant50\%$	较高	13.14~16.19	9.73~11.80	11.31~13.94	8.50~9.13	5.27~6.84
8-1-16			一般	11.49~13.94	9.24~11.19	9.72~11.73	7.47~8.98	
8-1-17		$S\leqslant30\%$	较高	12.63~15.18	9.21~10.79	10.96~13.22	7.54~8.82	5.02~6.33
8-1-18			一般	11.01~12.95	8.76~10.20	9.37~11.01	7.12~8.26	

注：1. 本综合单价不包括亮化工程、喷泉设施能耗、经营性能耗费用及垃圾外运费用。
2. 本综合单价包含绿地专项巡视费。

二、园林绿化养护平方米综合单价组成表

1. 一类绿地养护标准综合单价

计量单位：m^2

编号	项目特征		维护要求	综合单价（元）	分部综合单价			
	绿地占比 A	草坪占绿地比例 S			绿地养护（元）	建筑小品、设备设施维护（元）	保洁措施（元）	治安巡视（元）
8-2-1	$A \leqslant 60\%$	$S > 50\%$	较高	11.58 ~ 15.36	4.38 ~ 7.29	0.9 ~ 1.2	2.05 ~ 3.55	3.42 ~ 4.39
8-2-2			一般	9.69 ~ 12.85	4.25 ~ 7.14	0.7 ~ 0.9	1.80 ~ 2.91	2.25 ~ 2.75
8-2-3		$30\% < S \leqslant 50\%$	较高	11.26 ~ 14.82	3.87 ~ 6.54	0.9 ~ 1.2	2.33 ~ 3.70	3.42 ~ 4.39
8-2-4			一般	9.45 ~ 12.38	3.80 ~ 6.39	0.7 ~ 0.9	2.11 ~ 3.08	2.25 ~ 2.75
8-2-5		$S \leqslant 30\%$	较高	11.10 ~ 14.34	3.62 ~ 5.91	0.9 ~ 1.2	2.58 ~ 3.76	3.42 ~ 4.39
8-2-6			一般	9.32 ~ 12.00	3.55 ~ 5.76	0.7 ~ 0.9	2.43 ~ 3.18	2.25 ~ 2.75
8-2-7	$60\% < A \leqslant 80\%$	$S > 50\%$	较高	12.74 ~ 16.83	6.61 ~ 9.72	0.9 ~ 1.2	1.12 ~ 2.44	3.42 ~ 4.39
8-2-8			一般	11.00 ~ 14.49	6.50 ~ 9.55	0.7 ~ 0.9	1.01 ~ 1.96	2.25 ~ 2.75
8-2-9		$30\% < S \leqslant 50\%$	较高	12.12 ~ 15.70	5.90 ~ 8.80	0.9 ~ 1.2	1.13 ~ 2.34	3.42 ~ 4.39
8-2-10			一般	10.40 ~ 13.38	5.79 ~ 8.60	0.7 ~ 0.9	1.02 ~ 1.92	2.25 ~ 2.75
8-2-11		$S \leqslant 30\%$	较高	11.78 ~ 14.85	5.50 ~ 7.86	0.9 ~ 1.2	1.25 ~ 2.38	3.42 ~ 4.39
8-2-12			一般	10.06 ~ 12.56	5.40 ~ 7.66	0.7 ~ 0.9	1.16 ~ 1.97	2.25 ~ 2.75
8-2-13	$A > 80\%$	$S > 50\%$	较高	14.03 ~ 17.68	8.79 ~ 11.00	0.9 ~ 1.2	0.92 ~ 1.53	3.42 ~ 4.39
8-2-14			一般	12.40 ~ 15.41	8.65 ~ 10.78	0.7 ~ 0.9	0.52 ~ 1.30	2.25 ~ 2.75
8-2-15		$30\% < S \leqslant 50\%$	较高	13.14 ~ 16.19	7.85 ~ 9.94	0.9 ~ 1.2	0.57 ~ 1.17	3.42 ~ 4.39
8-2-16			一般	11.49 ~ 13.94	7.65 ~ 9.72	0.7 ~ 0.9	0.52 ~ 1.01	2.25 ~ 2.75
8-2-17		$S \leqslant 30\%$	较高	12.63 ~ 15.18	7.28 ~ 8.88	0.9 ~ 1.2	0.64 ~ 1.22	3.42 ~ 4.39
8-2-18			一般	11.01 ~ 12.95	7.15 ~ 8.66	0.7 ~ 0.9	0.61 ~ 1.03	2.25 ~ 2.75

注：1. 本综合单价不包括亮化工程、喷泉设施能耗、经营性能耗费用及垃圾外运费用。
2. 绿地养护费包含绿地专项巡视费。

2. 二类绿地养护标准综合单价

计量单位：m^2

编号	项目特征		维护要求	综合单价（元）	分部综合单价			
	绿地占比 A	草坪占绿地比例 S			绿地养护（元）	建筑小品、设备设施维护（元）	保洁措施（元）	治安巡视（元）
8-2-19	$A \leq 60\%$	$S>50\%$	较高	10.21～13.33	3.40～5.68	0.9～1.2	1.80～2.89	3.42～4.39
8-2-20			一般	8.50～10.98	3.33～5.53	0.7～0.9	1.64～2.49	2.25～2.75
8-2-21		$30\%<S\leq 50\%$	较高	10.04～13.05	3.02～5.12	0.9～1.2	2.12～3.08	3.42～4.39
8-2-22			一般	8.36～10.75	2.95～4.97	0.7～0.9	1.99～2.71	2.25～2.75
8-2-23		$S\leq 30\%$	较高	9.97～12.82	2.83～4.64	0.9～1.2	2.43～3.18	3.42～4.39
8-2-24			一般	8.29～10.58	2.76～4.50	0.7～0.9	2.33～2.83	2.25～2.75
8-2-25	$60\%<A\leq 80\%$	$S>50\%$	较高	11.00～14.46	5.13～7.57	0.9～1.2	1.17～1.96	3.42～4.39
8-2-26			一般	9.34～12.20	5.03～7.40	0.7～0.9	0.94～1.67	2.25～2.75
8-2-27		$30\%<S\leq 50\%$	较高	10.57～13.60	4.60～6.88	0.9～1.2	1.02～1.92	3.42～4.39
8-2-28			一般	8.93～11.35	4.50～6.68	0.7～0.9	0.94～1.66	2.25～2.75
8-2-29		$S\leq 30\%$	较高	10.34～13.02	4.30～6.18	0.9～1.2	1.16～1.97	3.42～4.39
8-2-30			一般	8.70～10.79	4.20～5.98	0.7～0.9	1.10～1.72	2.25～2.75
8-2-31	$A>80\%$	$S>50\%$	较高	11.92～15.15	6.79～8.57	0.9～1.2	0.82～1.30	3.42～4.39
8-2-32			一般	10.45～12.92	6.69～8.35	0.7～0.9	0.52～1.16	2.25～2.75
8-2-33		$30\%<S\leq 50\%$	较高	11.31～13.94	6.12～7.77	0.9～1.2	0.53～0.98	3.42～4.39
8-2-34			一般	9.72～11.73	5.98～7.55	0.7～0.9	0.49～0.87	2.25～2.75
8-2-35		$S\leq 30\%$	较高	10.96～13.22	5.75～6.98	0.9～1.2	0.61～1.01	3.42～4.39
8-2-36			一般	9.37～11.01	5.58～6.76	0.7～0.9	0.58～0.91	2.25～2.75

注：1. 本综合单价不包括亮化工程、喷泉设施能耗、经营性能耗费用及垃圾外运费用。
2. 绿地养护费包含绿地专项巡视费。

3. 三类绿地养护标准综合单价

计量单位:m²

编号	项目特征		综合单价(元)	分部综合单价		
	绿地占比 A	草坪占绿地比例 S		绿地养护(元)	建筑小品、设备设施维护(元)	保洁措施(元)
8-2-37	$A\leqslant 60\%$	$S>50\%$	4.54~6.60	2.40~4.00	0.3~0.9	1.39~2.34
8-2-38		$30\%<S\leqslant 50\%$	4.52~6.52	2.11~3.58	0.3~0.9	1.76~2.57
8-2-39		$S\leqslant 30\%$	4.52~6.49	1.97~3.22	0.3~0.9	2.12~2.69
8-2-40	$60\%<A\leqslant 80\%$	$S>50\%$	5.03~7.07	3.62~5.35	0.3~0.9	0.66~1.45
8-2-41		$30\%<S\leqslant 50\%$	4.76~6.69	3.22~4.81	0.3~0.9	0.84~1.56
8-2-42		$S\leqslant 30\%$	4.61~6.31	3.00~4.28	0.3~0.9	1.02~1.62
8-2-43	$A>80\%$	$S>50\%$	5.71~7.35	4.82~6.03	0.3~0.9	0.34~0.75
8-2-44		$30\%<S\leqslant 50\%$	5.27~6.84	4.29~5.43	0.3~0.9	0.44~0.83
8-2-45		$S\leqslant 30\%$	5.02~6.33	3.99~4.84	0.3~0.9	0.54~0.87

注:1. 本综合单价不包括亮化工程、喷泉设施能耗、经营性能耗费用及垃圾外运费用。
2. 绿地养护费包含绿地专项巡视费。

三、园林绿化养护分项平方米单价表

1. 一类绿地养护标准分项单价

计量单位:m²

编号	项目名称	维护要求	项目单价(元)		
			草坪占绿地比例 S		
			$S>50\%$	$30\%<S\leqslant 50\%$	$S\leqslant 30\%$
8-3-1	绿地养护	较高	9.68~10.79	8.50~9.62	7.86~8.45
8-3-2		一般	9.68~10.79	8.50~9.62	7.86~8.45
8-3-3	建筑小品、设施设备维护	较高	0.90~1.20	0.90~1.20	0.90~1.20
8-3-4		一般	0.70~0.90	0.70~0.90	0.70~0.90
8-3-5	园路广场保洁	较高	4.08~5.44	4.08~5.44	4.08~5.44
8-3-6		一般	3.29~4.12	3.29~4.12	3.29~4.12
8-3-7	绿地专项巡视	较高	1.17~1.42	1.17~1.42	1.17~1.42
8-3-8		一般	0.99~1.17	0.99~1.17	0.99~1.17
8-3-9	治安巡视	较高	3.42~4.39	3.42~4.39	3.42~4.39
8-3-10		一般	2.25~2.75	2.25~2.75	2.25~2.75

注:本综合单价不包括亮化工程、喷泉设施能耗、经营性能耗费用及垃圾外运费用。

2. 二类绿地养护标准分项单价

计量单位：m²

编号	项目名称	维护要求	项目单价(元)		
			草坪占绿地比例 S		
			$S>50\%$	$30\%<S\leqslant50\%$	$S\leqslant30\%$
8-3-11	绿地养护	较高	7.26~8.09	6.38~7.21	5.89~6.33
8-3-12		一般	7.26~8.09	6.38~7.21	5.89~6.33
8-3-13	建筑小品、设施设备维护	较高	0.90~1.20	0.90~1.20	0.90~1.20
8-3-14		一般	0.70~0.90	0.70~0.90	0.70~0.90
8-3-15	园路、广场保洁	较高	3.29~4.12	3.29~4.12	3.29~4.12
8-3-16		一般	2.75~3.31	2.75~3.31	2.75~3.31
8-3-17	绿地专项巡视	较高	1.17~1.42	1.17~1.42	1.17~1.42
8-3-18		一般	0.99~1.17	0.99~1.17	0.99~1.17
8-3-19	治安巡视	较高	3.42~4.39	3.42~4.39	3.42~4.39
8-3-20		一般	2.25~2.75	2.25~2.75	2.25~2.75

注：本综合单价不包括亮化工程、喷泉设施能耗、经营性能耗费用及垃圾外运费用。

3. 三类绿地养护标准分项单价

计量单位：m²

编号	项目名称	项目单价(元)		
		草坪占绿地比例		
		$S>50\%$	$30\%<S\leqslant50\%$	$S\leqslant30\%$
8-3-21	绿地养护	5.45~6.07	4.79~5.41	4.43~4.75
8-3-22	建筑小品、设施设备维护	0.30~0.90	0.30~0.90	0.30~0.90
8-3-23	园路广场保洁	2.00~3.00	2.00~3.00	2.00~3.00
8-3-24	绿地专项巡视	0.49~0.62	0.49~0.62	0.49~0.62

注：本综合单价不包括亮化工程、喷泉设施能耗、经营性能耗费用及垃圾外运费用。

附　　录

附录一 《园林绿化养护标准》CJJ/T 287－2018

1 总 则

1.0.1 为提高城镇园林绿地养护管理水平，巩固和提高绿化建设成果，促进绿地养护管理的科学化、规范化，制定本标准。

1.0.2 本标准适用于城镇规划区内绿地养护及管理。

1.0.3 园林绿化养护管理除应符合本标准外，尚应符合国家现行有关标准的规定。

2 术 语

2.0.1 园林绿地养护管理 landscape maintenance and management

对绿地内植物采取的整形修剪、松土除草、灌溉与排水、施肥、有害生物防治、改植与补植、绿地防护等技术措施及相应管理工作。

2.0.2 园林绿地附属设施 affiliated facilities of landscape green space

绿地中游憩、照明、标识牌、围栏、卫生、给水排水等各类设施。

2.0.3 生长势 growth vigor

植物的生长强弱程度。泛指植株的生长速度、干皮和茎叶的色泽及质地所表明的健康程度、植株茁壮程度、分蘖或分枝的繁茂程度等。

2.0.4 地被植物 ground cover plant

园林植物中，能够有效覆盖绿地表面的低矮植物，具有覆盖能力强、植株较低矮、生育期内可露地栽培等特点。

2.0.5 整形修剪 reshaping and pruning

用剪、锯、疏、捆、绑、扎等手段，使树木长成特定形状的技术措施。

2.0.6 短截 short cut

在树木一年生枝条上选留方向、位置合适且饱满的芽后剪去枝条一部分的修剪方法。

2.0.7 回缩 retracting pruning

在树木二年以上生枝条上剪截去一部分枝条的修剪方法。

2.0.8 疏枝 thinning branch(thinning trunk)

将树木的枝条从基部剪去，以减少树冠枝条的修剪方法。

2.0.9 返青水 green return irrigation

为促进植物正常发芽生长，在土壤化冻后、萌芽返青前对植物进行的灌溉。

2.0.10 封冻水 irrigation before soil freezing(freezing water)

为植物安全越冬，在土壤封冻前对植物进行的灌溉。

3 基本规定

3.0.1 园林绿化养护管理工作应包括植物养护与绿地管理两个方面。

3.0.2 植物养护工作的主要技术内容包括整形修剪、灌溉与排水、施肥、有害生物防治、松土除草、改植与补植及绿地防护等。

3.0.3 绿地管理工作的主要技术内容应包括绿地清理与保洁、附属设施管理、景观水体管理、技术档案及安全保护等。

3.0.4 园林植物按照其生态类型、园林应用等分为树木、花卉、草坪、地被植物、水生植物、竹类等。

3.0.5 根据园林绿化养护管理水平,应将绿地养护质量分为三个等级。绿地养护质量应包括园林植物养护质量和绿地管理质量。

4 园林绿化养护管理分级及质量要求

4.1 园林绿化养护管理分级

4.1.1 园林绿地养护管理分级应分为一级养护管理、二级养护管理、三级养护管理。

4.1.2 园林绿化养护管理分级质量应符合表 4.1.2 的规定。

表 4.1.2 园林绿化养护管理分级质量

序号	项目	级别		
		一级	二级	三级
1	树木	树木养护质量一级	树木养护质量二级	树木养护质量三级
2	花卉	花卉养护质量一级	花卉养护质量二级	花卉养护质量三级
3	草坪	草坪养护质量一级	草坪养护质量二级	草坪养护质量三级
4	地被植物	地被植物养护质量一级	地被植物养护质量二级	地被植物养护质量三级
5	水生植物	水生植物养护质量一级	水生植物养护质量二级	水生植物养护质量三级
6	竹类	竹类养护质量一级	竹类养护质量二级	竹类养护质量三级
7	清理保洁	绿地整体环境干净、整洁,垃圾及杂物随产随清	绿地整体环境基本干净、整洁,垃圾及杂物日产日清	绿地整体环境较干净、整洁,垃圾及杂物日产日清
8	附属设施	安全、完整、维护及时	安全、完整、维护基本及时	安全、基本完整、能进行维护
9	景观水体	安全、清洁、驳岸完好	安全、水面基本无杂物、驳岸基本完整	安全、水面无明显杂物、驳岸稳固
10	技术档案	档案内容完整,信息化管理体系已建成,纳入数字化管理	档案内容基本完整,并已建成信息化管理体系	档案内容基本完整
11	安全保护	有专业保安队伍,24h 看护,重大节日活动有应急预案	有专业保安队伍,日间看护	有专人负责看护

4.2 植物养护质量要求

4.2.1 植物养护质量应包括树木、花卉、草坪、地被植物、水生植物、竹类养护质量。

4.2.2 树木养护质量等级应符合本标准附录 A 的规定。

4.2.3 花卉养护质量等级应符合本标准附录 B 的规定。

4.2.4 草坪养护质量等级应符合本标准附录 C 的规定。

4.2.5 地被植物养护质量等级应符合本标准附录 D 的规定。

4.2.6 水生植物养护质量等级应符合本标准附录 E 的规定。

4.2.7 竹类养护质量等级应符合本标准附录 F 的规定。

5 植物养护

5.1 一般规定

5.1.1 植物养护中包括的植物类型应分为含古树名木的树木、花卉、草坪、地被植物、水生植物、竹类。

5.1.2 各植物类型在养护中涉及的技术措施应包括整形修剪、灌溉与排水、施肥、有害生物防治、松土除草、改植与补植、植物防护。

5.1.3 古树名木的养护应符合现行国家标准《城市古树名木养护和复壮工程技术规范》GB/T 51168 的有关规定。

5.2 树　木

5.2.1 树木修剪应符合下列规定：

1 应根据树木生物学特性、生长阶段、生态习性、景观功能要求及栽培地区气候特点，选择相应的时期和方法进行修剪。

2 修剪树木前应制定修剪技术方案，包括修剪时间、人员安排、岗前培训、工具准备、施工进度、枝条处理、现场安全等，做到因地制宜，因树修剪，因时修剪。

3 应遵照先整理，后修剪的程序进行。应先剪除无需保留的枯死枝、徒长枝，再按照由主枝的基部自内向外逐渐向上的顺序进行其他枝条的修剪。

4 剪、锯口应平滑，留芽方位正确，切口应在切口芽的反侧呈45°倾斜；直径超过0.04m的剪锯口应先从下往上进行修剪，并应及时保护处理。

5 修剪工具应定期维护并消毒。

5.2.2 树木应按照乔木类、灌木类、绿篱及色带和藤木类划分，各类树木的修剪方法各不相同。

5.2.3 乔木类修剪应符合下列规定：

1 乔木修剪主要修除徒长枝、病虫枝、交叉枝、并生枝、下垂枝、扭伤肢及枯枝和残枝。

2 树林应修剪主干下部侧生枝，逐步提高分枝点。相同树种分枝点的高度应一致，林缘树分枝点应低于林内树木。

3 主干明显的树种，应注意保护中央主枝，原中央主枝受损时应及时更新培养；无明显主干的树种，应注意调配各级分枝，端正树形，同时修剪膛细弱枝、枯死枝、病虫枝，达到通风透光。

4 孤植树应以疏剪过密枝和短截过长枝为主，造型树应按预定的形状逐年进行整形修剪。

5 行道树的修剪除应按以上要求或特殊景观设计要求操作外，还应符合下列规定：

1) 同一路段的同一品种行道树树型和分枝点高度应保持一致；

2) 树冠下缘线的高度应保持一致，且不影响车辆、行人通行。道路两侧的树冠边缘线应基本在一条直线上。

3) 路灯、交通信号灯、架空线、变压设备等附近的枝叶应保留出安全距离，并应符合现行行业标准《城市道路绿化规划与设计规范》CJJ 75 的有关规定。

5.2.4 灌木类修剪应符合下列规定：

1 单株灌木，应保持内高外低、自然丰满形态；单一树种灌木丛，应保持内高外低或前低后高形态；多品种的灌木丛，应突出主栽品种并留出生长空间；造型的灌木丛，应使外形轮廓清晰，外缘枝叶紧密。

2 短截突出灌木丛外的徒长枝，应使灌丛保持整齐均衡。下垂细弱枝及地表萌生的地蘖应及时疏除；灌木内膛小枝应疏剪，强壮枝应进行短截。

3 花落后形成的残花、残果，若无观赏价值或其他需要时宜尽早剪除。

4 花灌木修剪除应按以上要求或景观设计要求操作外，还应根据开花习性进行修剪，并注意保护和培养开花枝条，具体修剪方法应符合下列规定：

1) 当年生枝条开花灌木，休眠期修剪时，对于生长健壮花芽饱满枝条应长留长放，花后短截，促发新枝；1年数次开花灌木，花落后应在残花下枝条健壮处短截，促使再次开花。

2) 二年生枝条开花的灌木，休眠期应根据花芽生长位置进行整形修剪，保留观赏所需花枝和花芽，生长季应在花落后10d～15d根据枝条健壮程度并选好留芽方向和位置将已开花枝条进行中度或重度短截，疏剪过密枝。

3) 多年生枝条开花灌木，修剪应培育新枝和保护老枝，剪除干扰树型并影响通风透光的过密枝、弱枝、枯枝或病虫枝。

5 栽植多年的丛生灌木应逐年更新衰老枝，疏剪内膛密生枝，培育新枝。栽植多年的有主干的灌木，每年应交替回缩主枝，控制树冠。

5.2.5 绿篱及色带修剪应符合下列规定：

1 绿篱及色带的修剪应轮廓清晰,线条流畅,基部丰满,高度一致,侧面平齐。

2 道路交叉口及分车绿化带中的绿篱的修剪高度应符合现行行业标准《城市道路绿化规划与设计规范》CJJ 75 的有关规定。

3 生长旺盛的植物,整形修剪每年不应少于 4 次,生长缓慢的植物,整形修剪每年不应少于 3 次。

4 绿篱及色带在符合安全要求高度的前提下,每次修剪高度较前一次修剪应有所提高;当绿篱及色带修剪控制高度难以满足要求时,则应进行回缩修剪。

5 修剪后残留绿篱和地面的枝叶应及时清除。

5.2.6 藤木类修剪应符合下列规定:

1 攀缘棚架上的藤木,种植后应进行重剪,每株促发几条健壮主蔓;及时牵引,疏剪过密枝、病弱衰老枝、干枯枝,使枝条均匀分布架面;有光脚或中空现象时,应采用局部重剪、曲枝蔓诱引措施来弥补空缺。

2 匍匐于地面的藤木应视情况定期翻蔓,清除枯枝,疏除老弱藤蔓。

3 钩刺类藤木,可按灌木修剪方法疏枝,生长势衰弱时,应及时回缩修剪、复壮。

4 观花藤木应根据开花习性修剪,并注意保护和培养开花枝条。

5.2.7 树木修剪应安全作业,并应符合下列规定:

1 作业机械应保养完好,运行正常;修剪工具应坚固耐用。

2 树上作业应选择无风或风力较小且无雨雪天气进行,四级及以上大风不得进行作业。

3 作业时应按要求在作业区设置警示标志,当占用道路修剪时应办理行政许可,树上修剪人员、地面防护、枝叶清理人员防护用品应符合安全要求。

4 树上作业应对修剪人员进行岗前培训,应一人一树修剪,不得在两株或多株树体间攀爬,截除大枝应有人员指挥操作。

5 在高压线附近作业修剪时,应请供电部门配合,并应符合安全距离要求,避免触电。

6 高空机械作业车修剪时,应符合高空作业相关要求。

5.2.8 树木灌溉与排水的原则、方法、时期应符合下列规定:

1 应根据树木栽培地区气候特点、土壤性质、植株需水等情况,进行灌水和排涝。

2 灌溉水量应以使土壤根系保持植物无萎蔫现象的含水量为标准。

3 灌溉用水水质应满足树木生长发育需求,不得使用含有融雪剂的积雪和含有洗涤液的冲洗液补充土壤水分。

4 宜采用节水灌溉设备和措施,并应根据季节与气温调整灌溉量与灌溉时间。

5 应经常检查喷灌或滴灌系统,确保运转正常。喷灌喷水的有效范围应与园林植物的种植范围一致,并应协调好游人、行人关系,定时开关,专人看管。

6 采用喷淋方法淋水,不得冲倒、冲歪植株及冲出树根。乔灌木淋水前宜先给树体洗尘。

7 用水车浇灌树木时,应接软管,进行缓流浇灌,保证一次浇足浇透,不得使用高压冲灌。道路绿地浇灌不宜在交通高峰期进行。

8 一天中灌溉的时间应根据季节与气温决定。夏秋高温季节,不宜在晴天的中午喷灌或洒灌,宜在 12∶00 之前或 16∶00 之后避开高温时段进行;冬季气温较低,需灌溉时,宜在 9∶00 之后或 16∶00 之前进行,并应防止结冰影响行人通行。

9 夏季干燥时,易受日灼的树种应进行叶面和枝干喷雾,必要时可对部分树种进行疏果、疏叶处理,降低蒸腾作用。

10 除地下穴外,浇水树堰高度不应低于 0.1m;树堰直径,有铺装地块的以预留池为准,无铺装地块的,乔木应以不小于树干胸径 10 倍,或树冠垂直投影的 1/2,且不小于 0.8m 为准。树堰应紧实、不跑水、不漏水。树堰内宜选择环保性覆盖物掩盖裸露土地。

11 暴雨后应及时排除树木根部周围的积水。可采用开沟、埋管、打孔等排水措施及时对绿地和树池排涝。

12 冬季寒冷地区,应适时浇灌返青水和封冻水,并浇足浇透。

5.2.9 树木施肥的原则、方法、时期应符合下列规定:

1 应根据树木生长需要和土壤肥力情况进行施肥。

2 每年宜施肥至少1次,春秋两季宜为重点施肥时期。观花木本植物应分别在花芽分化前和花后各施肥一次。

3 应使用卫生、环保、长效的肥料,以有机肥料为主,无机肥料为辅;不宜长期在同一地块施用同一种化学肥料。

4 应根据树木种类采用沟施、撒施、穴施、孔施或叶面喷施等施肥方式。沟施、穴施应少伤地表根,在施肥后应进行一次灌溉。撒施应避免将肥料撒到叶片上。叶面喷肥宜在早上10:00之前或傍晚进行。

5 应根据肥料种类、施肥方式等确定施肥用量。

5.2.10 树木有害生物防治的原则、方法应符合下列规定:

1 应按照"预防为主,科学防控,依法治理,促进健康"的原则,做到安全、经济、及时、有效。

2 宜采用生物防治手段,保护和利用天敌,推广生物农药。

3 应及时有效地采取物理防治手段,并及时剪除病虫枝。

4 采用化学防治时,应选择符合环保要求及对有益生物影响小的农药,宜不同药剂交替使用。

5 应及时对因干旱、水涝、冷冻、高温、飓风、缺肥等所致生理性病害进行防治。

6 应按照农药操作规程进行作业,喷洒药剂时避开人流活动高峰期或在傍晚无风的天气进行。

7 采用化学农药喷施,应设置安全警示标志,果蔬类喷施农药后应挂警示牌。

8 不得使用国家明令禁止的农药进行有害生物防治。

9 应严格管控国家颁布的林木病虫害检疫对象。

5.2.11 树木松土除草的原则、时期、方法应符合下列规定:

1 园林植物生长期,应经常进行松土,使表层种植土壤保持疏松,并具有良好的透水、透气性。

2 松土应在天气晴朗,且土壤不过分潮湿时进行,雨后不宜立即进行。

3 除杂草宜结合松土进行,也可采用手工拔除等方法进行。

4 除杂草应在杂草开花结实前进行,同时不得使目的植物的根系受到伤害或裸露。

5 使用化学除草剂前,宜进行小面积实验后在全面使用。应根据所栽培的目的园林植物和杂草种类的不同,确定药剂种类、浓度及施用方法。药剂不得喷洒到园林植物的叶片和嫩枝上。

5.2.12 树木的改植与补植应符合下列规定:

1 发生以下的情况时可进行改植或补植:

1)因植株过密而必须移植;

2)对人、构筑物或电力等其他设施构成危险的植株的移除;

3)自然死亡树木的去除或补植;

4)对生长环境不适或与周围环境不协调树木的去除与改植;

5)在自然灾害或意外事故发生后及时进行清理、扶正或补植处理。

2 补植时,宜选用与原有种类一致,规格、树形相近的树木。应根据植物的生态习性以及季节特点,安排改植、补植时间。

5.2.13 树木的防护应符合下列规定:

1 汛期或台风来临前应对浅根性、树冠庞大、枝叶过密等抗风能力弱的乔木进行加固或修剪,对易积水的绿地及时采取防涝措施。

2 应加强对行道树的日常巡护,及时对出现倒伏、歪斜的树木进行扶正。

3 寒冷天气,应对易受低温侵害的植物采取搭设风障、主干涂白、裹纸或无纺布加绕草绳、根基部培设土堆等防寒措施。降雪地区主要路段可结合防寒设置围挡。降雪量较大时,应及时清除针叶树和树冠浓密的乔木、灌木上的大量积雪。

4 高温天气,易受高温危害的树木应避免太阳直射,采取遮阴、缠草绳、喷雾等措施,降低温度预防日灼。

5 应及时清除对树木有害的寄生植物。

6 树体上的孔洞应根据大小、类型等,分类采用引流、碳化、封堵等多种处理方式,封堵填充材料的表面色彩、形状及质感宜与树干相近。

5.3 花　　卉

5.3.1 花卉修剪的方法符合下列规定:

1 一、二年生花卉应根据分枝特性摘心。观花植株应摘除过早形成的花蕾或过多的侧蕾。叶片过密影响开花结果时应摘去部分老叶和过密叶。花谢后应去除残花和枯叶。

2 球根花卉、宿根花卉应根据生长习性和用途进行摘心、除芽。休眠期应剪除残留的枯枝、枯叶。

3 修剪不宜在雨后立即进行。

4 修剪工具应消毒。

5.3.2 花卉灌溉与排水应符合下列规定:

1 灌溉原则、灌水水质和灌溉方式应符合本标准第 5. 2. 8 条规定。

2 浇水应避免冲刷花朵。

3 浅根性花卉浇水时应避免冲刷植物根系。

4 应维护排水设施的完好,并注意及时排涝。

5 夏季气候干燥炎热时应及时浇水,冬季寒冷地区的宿根花卉应注重返青水和封冻水的浇灌时期和灌水量。

5.3.3 花卉施肥应符合下列规定:

1 应根据不同花卉植物种类(品种)的生长期和开花期进行追肥。每个生长周期内不应少于 2 次追肥。

2 追肥宜采用缓释性的长效肥料,也可进行叶面追肥。

3 其他施肥方式、方法应符合本标准第 5. 2. 9 条规定。

5.3.4 花卉的补植应在生长季进行,及时清理死株,并应按原品种、花色、规格补植。一、二年生花卉花谢后失去观赏价值的应进行更换,补植时密度应符合设计要求。

5.3.5 花卉有害生物防治应符合本标准第 5. 2. 10 条规定。

5.3.6 冬季寒冷地区,草本花卉可用覆盖塑料薄膜、培土等方式进行防护。

5.4 草　　坪

5.4.1 草坪的修剪应符合下列规定:

1 修剪时,剪掉部分不应超过叶片自然高度的 1/3。

2 修剪次数应根据草坪草的种类、养护质量要求、气候条件、土壤肥力及生长状况确定,进行不定期修剪。

3 修剪前草坪草应保持干爽,阴雨天、病害流行期不宜修剪;修剪前应清除草坪上的石砾、树枝等杂物,以消除隐患。修剪工作应避免在正午阳光直射时进行。

4 修剪前宜对刀片进行消毒,并应保证刀片锋利,防止撕裂茎叶。

5 修剪后应及时对修剪草坪进行一次杀菌防病虫害处理。

6 同一草坪,不应多次在同一行列、同一方向修剪。

7 修剪下的草屑应进行清理。

8 草坪不得延伸到其他植物带内。切草边作业,边线应整齐或圆滑,与植物带距离不应大于 0. 15m。

5.4.2 草坪灌溉与排水应符合下列规定：

1 灌溉原则、灌水水质和灌溉方式应符合本标准第5.2.8条规定。

2 高温干旱季节应每隔5d～7d避开高温时段浇透水，湿润根部应达0.10m～0.15m。其他季节根据栽植土壤保水性能进行浇灌，保持土壤根部湿润。

5.4.3 草坪施肥应根据草坪草种类、生长状况和土壤状况确定施肥时间、肥料种类和施肥量。应少量多次，宜施缓效肥，并应符合下列规定：

1 宜在修剪3d～5d后进行，施肥应均匀，施后应灌水。

2 每年在生长季节应根据生长情况重点施肥，可进行根外追肥。秋季施肥应含磷、钾肥，促进根系生长，提高抗逆能力。

5.4.4 对损坏或死亡部分的补植应选用与原种类相同的草种。

5.4.5 3年生以上草坪应根据生长状况适时打孔，清除打出的芯土、草根，并撒入营养或沙粒；开放型草坪应根据人为干扰的程度实施轮流封闭休养恢复，保持正常长势。

5.4.6 草坪有害生物防治的原则、方法应符合本标准第5.2.10条规定。

5.4.7 杂草应进行清除，保持草坪纯度。化学除草应经小面积试验后方可大面积应用。手工拔草或锄草应将杂草连根清除，并压平目的草。杂草过多又无法除去时，或草坪已不适应环境时，应及时更新或重建。

5.4.8 使用剪草机(车)、割灌机、打孔机、垂直刈割机等机械，应对操作人员进行岗前培训。大型机械使用过程中，应对施工现场进行围合、警示。

5.5 地被植物

5.5.1 地被植物应包括多年生低矮草本植物及适应性较强的低矮、匍匐型的灌木和藤本植物。

5.5.2 地被植物的修剪应符合本标准第5.2.4条和第5.2.6条的要求。其他养护技术措施应符合本标准第5.3节和第5.4节的要求。

5.5.3 蔓生性较强的地被，修剪应保持整体整齐或有规律变化，使枝蔓不侵占周边植物生长空间。

5.6 水生植物

5.6.1 水生植物修剪应符合下列规定：

1 生长期阶段应清除水面以上的枯黄部分，应控制水生植物的景观范围，清理超出范围的植株及叶片。

2 同一水池中混合栽植的，应保持主栽种优势，控制繁殖过快的种类。

5.6.2 水生植物应根据植物种类及时灌水、排水，保持正常水位。

5.6.3 浮叶类水生植物应控制水生植物面积与水体面积比例，其覆盖水体的面积不得超过水体总面积的1/3。

5.6.4 水生植物施肥应符合下列规定：

1 基肥应以有机肥为主，点状埋施于根系周围淤泥中。追肥应以复合肥为主。叶面施肥可使用化学肥料。

2 盆栽水生植物可在冬季拿出水面并应进行防寒保护，开春前可补施一次基肥，应在新叶长出后移入水中。

3 观花水生植物，每年至少应追肥1次，点状埋施于根系周围淤泥中。

5.6.5 水生植物有害生物防治应符合下列规定：

1 有害生物防治的原则、方法应符合本标准第5.2.10条规定。

2 应选用对水生生物和水质影响小的药剂，水源保护区内不得使用农药。

5.6.6 易被水中生物破坏的水生植物，宜在栽植区设置围网。

5.7 竹类

5.7.1 竹类的间伐修剪应符合下列规定：

1 应按照去老留幼、去弱留强的原则,根据生长状况和景观要求,于晚秋或早春进行合理间伐或间移。

2 笋期阶段应及时去除弱笋和超出景观范围的植株。

3 应将衰弱、已死亡和已开花的竹蔸挖除,挖除后的空隙应及时用富含有机质的熟土填充。应及时清除枯死竹秆和枝条,砍除病竹和倒伏竹。

4 降雪和台风活动频繁地区,过密竹林宜钩梢。

5.7.2 竹类灌溉与排水应符合下列规定:

1 新植竹 2 年内应按时浇水、排涝,浇灌时应浇足浇透。

2 成林竹应浇足返青水、催笋水、拔节水和孕笋水。雨后应及时排涝,过于干旱时应进行喷水。

5.7.3 竹类施肥应符合下列规定:

1 新植竹宜在每年的 3 月上中旬、5 月中旬 ~6 月上旬各追肥一次,11 月中下旬施基肥一次。

2 成林竹宜在每年的 4 月份 ~6 月份施肥 1 次 ~2 次,肥料应以有机肥为主。

3 施肥方式、方法应符合本标准第 5.2.9 条规定。

5.7.4 竹类有害生物防治应符合下列规定:

1 有害生物防治的原则、方法应按符合标准第 5.2.10 条规定。

2 应以控制螨类、蚜虫等为主,经常检查,掌握虫情发生规律,及时防治。

3 竹林应加强抚育管理,保留使竹林通风透光、生长健壮的密度。

6 绿 地 管 理

6.1 植物种植调整

6.1.1 绿地内植物栽植超过一定年限,存在植物长势衰弱、植株过密、种植结构不合理、与设计效果严重不符等情况,应进行调整。

6.1.2 调整方案应充分考虑立地条件,根据绿地的不同特点和功能,选择以乡土植物为核心的多样性植物种类,遵从生态位原则,营造适宜的植物群落。

6.2 绿地清理与保洁

6.2.1 绿地应保持清洁,并整理清除影响景观的杂物、干枯枝叶、树挂、乱涂乱画、乱栓乱挂、乱停乱放、乱搭乱建等。

6.2.2 收集的垃圾杂物和枯枝落叶应及时清运,不得随意焚烧。

6.2.3 各种与绿地无关的张贴物或设施应及时清除。

6.3 附属设施管理

6.3.1 对于园林绿地中的建筑及构筑物的管理应符合下列规定:

1 应保持外观整洁,构件和各项设施完好无损。

2 室内陈设应合理,并保持清洁、完好。

3 应保持厕所地面干燥,定期消毒,其环境卫生要求应符合现行国家标准《城市公共厕所卫生标准》GB/T 17217 的有关规定。

4 应消除结构、装修和设施的安全隐患。

6.3.2 道路和铺装广场的管理应符合下列规定:

1 铺装面、侧石、台阶、斜坡等应保持平整无凹凸,无积水。

2 应保持铺装面清洁、防滑,无障碍设施完好。

3 损坏部分应消除安全隐患,及时修补。

6.3.3 假山、叠石的管理工作应符合下列规定:

1 假山、叠石应保证完整、稳固、安全。不适于攀爬的叠石应配备醒目提示标识和防护设备。假山结构和主峰稳定性应符合抗风、抗震要求。

2 假山四周及石缝不得有影响安全和景观的杂草、杂物。

3 假山、叠石的放置与园林植物的配置应协调，相辅相成保证景观效果。

6.3.4 娱乐、健身设施应明确操作规程，使用和管理要求应符合现行国家标准《大型游乐设施安全规范》GB 8408 的有关规定。

6.3.5 给水排水设施的管理应符合下列要求：

1 应保持管道畅通，无污染。

2 外露的检查井、进水口、给水口、喷灌等设施应随时保持清洁、完整无损，寒冷地区冬季应采取防冻裂保护措施。

3 防汛、消防、防火、应急避险等设备应保持完好，满足功能要求。

6.3.6 输配电、照明的管理应符合下列规定：

1 应定期检测，并保持运转正常。

2 照明设施应保持清洁、有足够照度，无带电裸露部位。

3 各类管线设施应保持完整、安全。

4 太阳能设施应确保完整无损，运行正常。

5 应确保安全警示标志位于明显位置。

6.3.7 园凳、园椅的管理应符合下列规定：

1 应保持园凳、圆椅的外观整洁美观，坐靠舒适、稳固，无损坏。

2 维修、油漆未干时，应设置醒目的警示标志。

6.3.8 垃圾箱外观应保持整洁完整，无污垢陈渍；箱内无沉积垃圾，无异味、无蚊蝇滋生。

6.3.9 标识牌应保持外观整洁，构件完整，指示清晰明显，对破损的标识牌应及时修补或更换。

6.3.10 绿地防护设施（护栏）、无障碍设施、树木支撑、树穴盖板、花箱（花钵）等设施应确保外观整洁，完整无损。

6.3.11 雨水收集设施应保持外观整洁，设施通畅、完整无损，运行正常。

6.3.12 广播及监控设施应保持外观整洁，设施完整无损，运行正常。

6.4 景观水体管理

6.4.1 再生水作为景观环境用水时，其水质应符合现行国家标准《城市污水再生利用　景观环境用水水质》GB/T 18921 的有关规定。

6.4.2 景观水体应保持水面清洁，水位正常。

6.4.3 驳岸、池壁应确保安全稳固，无缺损，整洁美观。

6.4.4 安全提示应确保标志明显，位置合理。

6.4.5 水景设施及水系循环、动力及排灌设施应保持完好，运行正常。

6.5 技术档案

6.5.1 档案管理应符合下列规定：

1 绿地管理单位应制定年度、月度管理计划，并及时收集相关资料，建立完整的技术档案。

2 技术档案应每年整理装订成册，编好目录，分类归档。

6.5.2 技术档案应包括下列内容：

1 绿地建设历史、基本情况，包括绿地面积，植物种类、规格、数量，植物补植、破坏情况，土壤主要理化性状、绿地设计施工图、竣工图等。

2 绿地养护过程的动态情况，包括有害生物现状、植物生长状况评价、设施种类、数量及状况、养护工程的移交、苗木的移植、工程改造等。

3 各项养护管理技术措施、日常养护日志、养护管理过程中的重大事件及其处理结果。

4 应用新技术、新工艺和新成果的单项技术资料。

6.6 安全保护

6.6.1 绿地应定期进行专项巡视,内容应包括绿地内植物生长状况及景观效果、绿地卫生、附属设施、抗震减灾设施、应急避难场所安全隐患等,及时处理并记录所发现问题。绿地应按需配备安保人员。

6.6.2 暴风雨、暴雪等来临前,应检查树木绑扎、立桩情况,设置支撑,保持稳固。大雪大风后应及时检查苗木的损伤情况,清除倒伏苗木及存在安全隐患的树枝。

6.6.3 高温暑热、低温寒冷等极端天气,应对植物、附属设施等做好防护措施。防护情况应及时检查,发现问题应及时补救。

6.6.4 公园、广场人流量多的地方宜安装监控设施。

附录A 树木养护质量等级

表A 树木养护质量等级

序号	项目	质量要求		
		一级	二级	三级
1	整体效果	(1)树林、树丛群落结构合理,植株疏密得当,层次分明,林冠线和林缘线清晰饱满; (2)孤植树树形完美,树冠饱满; (3)行道树树冠完整,规格整齐、一致,分支点高度一致,缺株≤3%,树干挺直; (4)绿篱无缺株,修剪面平整饱满,直线处平直,曲线处弧度圆润	(1)树林、树丛群落结构基本合理,林冠线和林缘线基本完整; (2)孤植树树形基本完美,树冠基本饱满; (3)行道树树冠基本完整,规格基本整齐,无死树,缺株≤5%,树干基本挺直; (4)绿篱基本无缺株,修剪面平整饱满,直线处平直,曲线处弧度圆润	(1)树林、树丛具有基本完整的外貌,有一定的群落结构; (2)孤植树树形基本完美,树冠基本饱满; (3)行道树无死树,缺株≤8%,树冠基本统一,树干基本挺直; (4)绿篱基本无缺株,修剪面平整饱满,直线处平直,曲线处弧度圆润
2	生长势	枝叶生长茂盛,观花、观果树种正常开花结果,彩色树种季相特征明显,无枯枝	枝叶生长正常,观花、观果树种正常开花结果,无明显枯枝	植株生长量和色泽基本正常,观花、观果树种基本正常开花结果,无大型枯枝
3	排灌	(1)暴雨后0.5d内无积水; (2)植株未出现失水萎蔫和沥涝现象	(1)暴雨后0.5d内无积水; (2)植株基本无失水萎蔫和沥涝现象	(1)暴雨后1d内无积水; (2)植株失水或积水现象1d~2d内消除
4	病虫害情况	(1)基本无有害生物危害状; (2)整体枝叶受害率≤8%,树干受害率≤5%	(1)无明显的有害生物危害状; (2)整体枝叶受害率≤10%,树干受害率≤8%	(1)无严重有害生物危害状; (2)整体枝叶受害率≤15%,树干受害率≤10%
5	补植完成时间	≤3d	≤7d	≤20d

附录 B 花卉养护质量等级

表 B 花卉养护质量等级

序号	项目	质量要求		
		一级	二级	三级
1	整体效果	(1)缺株倒伏的花苗≤3%; (2)基本无枯叶、残花	(1)缺株倒伏的花苗≤7%; (2)枯叶、残花量≤5%	(1)缺株倒伏的花苗≤10%; (2)枯叶、残花量≤8%
2	生长势	(1)植株生长健壮; (2)茎干粗壮,基部分枝强健,蓬径饱满; (3)花型美观,花色鲜艳,株高一致	(1)植株生长基本健壮; (2)茎干粗壮,基部分枝强健,蓬径基本饱满; (3)株高一致	(1)植株生长基本健壮; (2)茎干粗壮,基部分枝强健,蓬径基本饱满; (3)株高基本一致
3	排灌	(1)暴雨后 0.5d 内无积水; (2)植株未出现失水萎蔫现象	(1)暴雨后 0.5d 内无积水; (2)植株基本无失水萎蔫现象	(1)暴雨后 0.5d 内无积水; (2)植株无明显失水萎蔫现象
4	病虫害情况	(1)基本无有害生物危害状; (2)植株受害率≤5%	(1)无明显有害生物危害状; (2)植株受害率≤8%	(1)无严重有害生物危害状; (2)植株受害率≤10%
5	杂草覆盖率	≤2%	≤5%	≤10%
6	补植完成时间	≤3d	≤7d	≤10d

附录C 草坪养护质量等级

表C 草坪养护质量等级

序号	项目	质量要求		
		一级	二级	三级
1	整体效果	(1)成坪高度应符合现行国家标准《主要花卉产品等级 第7部分：草坪》GB/T 18247.7中开放型绿地草坪一级的标准要求； (2)修剪后无残留草屑，剪口无焦枯、撕裂现象	(1)成坪高度应符合现行国家标准《主要花卉产品等级 第7部分：草坪》GB/T 18247.7中开放型绿地草坪二级的标准要求； (2)修剪后基本无残留草屑，剪口基本无撕裂现象	(1)成坪高度应符合现行国家标准《主要花卉产品等级 第7部分：草坪》GB/T 18247.7中开放型绿地草坪三级的标准要求； (2)修剪后无明显残留草屑，剪口无明显撕裂现象
2	生长势	生长茂盛	生长良好	生长基本正常
3	排灌	(1)暴雨后0.5d内无积水； (2)草坪无失水萎蔫现象	(1)暴雨后0.5d内积水； (2)草坪基本无失水萎蔫现象	(1)暴雨后1d内无积水； (2)草坪无明显失水萎蔫现象
4	有病虫害情况	(1)草坪草受害度应符合现行国家标准《主要花卉产品等级 第7部分：草坪》GB/T 18247.7中开放型绿地草坪一级标准的要求； (2)杂草率应符合现行国家标准《主要花卉产品等级 第7部分：草坪》GB/T 18247.7中开放型绿地草坪一级标准的要求	(1)草坪草受害度应符合现行国家标准《主要花卉产品等级 第7部分：草坪》GB/T 18247.7中开放型绿地草坪二级标准的要求； (2)杂草率应符合现行国家标准《主要花卉产品等级 第7部分：草坪》GB/T 18247.7中开放型绿地草坪二级标准的要求	(1)草坪草受害度应符合现行国家标准《主要花卉产品等级 第7部分：草坪》GB/T 18247.7中开放型绿地草坪三级标准的要求； (2)杂草率应符合现行国家标准《主要花卉产品等级 第7部分：草坪》GB/T 18247.7中开放型绿地草坪三级标准的要求
5	覆盖度	应符合现行国家标准《主要花卉产品等级 第7部分：草坪》GB/T 18247.7中开放型绿地草坪一级标准的要求	应符合现行国家标准《主要花卉产品等级 第7部分：草坪》GB/T 18247.7中开放型绿地草坪二级标准的要求	应符合现行国家标准《主要花卉产品等级 第7部分：草坪》GB/T 18247.7中开放型绿地草坪三级标准的要求
6	补植完成时间	≤3d	≤7d	≤20d

附录 D　地被养护质量等级

表 D　地被养护质量等级

序号	项目	质量要求		
		一级	二级	三级
1	整体效果	(1)植株规格一致; (2)无死株,群体景观效果好	(1)植株规格基本一致; (2)基本无死株,群体景观效果较好	群体景观效果较好
2	生长势	生长茂盛	生长良好	生长基本良好
3	排灌	(1)木本地被暴雨后 0.5d 内无积水,草本地被雨后 1h 无积水; (2)植株无失水萎蔫现象	(1)木本地被暴雨后 0.5d 内无积水,草本地被雨后 4h 无积水; (2)植株基本无失水萎蔫现象	(1)木本地被暴雨后 1d 内无积水,草本地被雨后 6h 无积水; (2)植株无明显失水萎蔫现象
4	病虫害情况	(1)基本无有害生物危害状; (2)受害率≤10%; (3)无影响景观杂草	(1)无明显有害生物危害状; (2)受害率≤15%; (3)基本无影响景观杂草	(1)无严重有害生物危害状; (2)受害率≤20%; (3)无明显影响景观杂草
5	覆盖率	≥95%	≥90%	≥85%
6	补植完成时间	≤3d	≤7d	≤20d

附录 E 水生植物养护质量等级

表 E 水生植物养护质量等级

序号	项目	质量要求		
		一级	二级	三级
1	整体效果	景观效果美观。无残花败叶漂浮	景观效果明显。基本无残花败叶漂浮	景观效果明显
2	生长势	(1)植株生长健壮; (2)叶色正常,观花、观果植株正常开花结果; (3)枯死植株≤5%	(1)植株生长良好; (2)叶色正常,观花、观果植株正常开花结果; (3)枯死植株≤10%	(1)植株生长基本正常; (2)观花、观果植株正常开花结果; (3)枯死植株≤15%
3	排灌	暴雨后 4h 恢复常水位	暴雨后 20h 恢复常水位	暴雨后 48h 恢复常水位
4	病虫害情况	基本无有害生物危害状,无杂草	无明显有害生物危害状,无杂草	无严重有害生物危害状
5	覆盖率	≥95%	≥90%	≥85%
6	补植完成时间	≤3d	≤7d	≤10d

附录F 竹类养护质量等级

表F 竹类养护质量等级

序号	项目	质量要求		
		一级	二级	三级
1	整体效果	(1)死竹、枯竹、破损竹≤3%; (2)有完整的林相	(1)死竹、枯竹、破损竹≤7%; (2)有完整的林相	(1)死竹、枯竹、破损竹≤10%; (2)林相基本完整
2	生长势	(1)竹丛通风透光,植株生长健壮; (2)新、老竹生长比例适当; (3)竹鞭无裸露	(1)竹丛通风透光,植株生长良好; (2)新、老竹生长比例基本适当; (3)竹鞭基本无裸露	(1)植株生长良好; (2)竹鞭无明显裸露
3	排灌	(1)暴雨后0.5d内无积水; (2)植株无失水萎蔫现象	(1)暴雨后0.5d内无积水; (2)植株基本无失水萎蔫现象	(1)暴雨后2d内无积水; (2)植株失水萎蔫现象1~2d内消除
4	病虫害情况	(1)基本无有害生物危害状; (2)竹叶受害率≤8%以下; (3)竹梢、竹秆受害率≤5%	(1)无明显有害生物危害状; (2)竹叶受害率≤10%; (3)竹梢、竹秆受害率≤8%	(1)无严重有害生物危害状; (2)竹叶受害率≤15%; (3)竹梢、竹秆受害率≤10%
5	补植完成时间	≤3d	≤7d	≤10d

附录二 《建筑工程建筑面积计算规范》GB/T 50353－2013

1 总 则

1.0.1 为规范工业与民用建筑工程建设全过程的建筑面积计算，统一计算方法，制定本规范。

1.0.2 本规范适用于新建、扩建、改建的工业与民用建筑工程建设全过程的建筑面积计算。

1.0.3 建筑工程的建筑面积计算，除应符合本规范外，尚应符合国家现行有关标准的规定。

2 术 语

2.0.1 建筑面积 construction area

建筑物（包括墙体）所形成的楼地面面积。

2.0.2 自然层 floor

按楼地面结构分层的楼层。

2.0.3 结构层高 structure story height

楼面或地面结构层上表面至上部结构层上表面之间的垂直距离。

2.0.4 围护结构 building enclosure

围合建筑空间的墙体、门、窗。

2.0.5 建筑空间 space

以建筑界面限定的、供人们生活和活动的场所。

2.0.6 结构净高 structure net height

楼面或地面结构层上表面至上部结构层下表面之间的垂直距离。

2.0.7 围护设施 enclosure facilities

为保障安全而设置的栏杆、栏板等围挡。

2.0.8 地下室 basement

室内地平面低于室外地平面的高度超过室内净高的 1/2 的房间。

2.0.9 半地下室 semi－basement

室内地平面低于室外地平面的高度超过室内净高的 1/3，且不超过 1/2 的房间。

2.0.10 架空层 stilt floor

仅有结构支撑而无外围护结构的开敞空间层。

2.0.11 走廊 corridor

建筑物中的水平交通空间。

2.0.12 架空走廊 elevated corridor

专门设置在建筑物的二层或二层以上，作为不同建筑物之间水平交通的空间。

2.0.13 结构层 structure layer

整体结构体系中承重的楼板层。

2.0.14 落地橱窗 french window

突出外墙面且根基落地的橱窗。

2.0.15 凸窗（飘窗） bay window

凸出建筑物外墙面的窗户。

2.0.16 檐廊 eaves gallery

建筑物挑檐下的水平交通空间。

2.0.17 挑廊 overhanging corrider

挑出建筑物外墙的水平交通空间。

2.0.18 门斗 ain lock

建筑物入口处两道门之间的空间。

2.0.19 雨篷 canopy

建筑出入口上方为遮挡雨水而设置的部件。

2.0.20 门廊 porch

建筑物入口前有顶棚的半围合空间。

2.0.21 楼梯 stairs

由连续行走的梯级、休息平台和维护安全的栏杆(或栏板)、扶手以及相应的支托结构组成的作为楼层之间垂直交通使用的建筑部件。

2.0.22 阳台 balcony

附设于建筑物外墙,设有栏杆或栏板,可供人活动的室外空间。

2.0.23 主体结构 major structure

接受、承担和传递建设工程所有上部荷载,维持上部结构整体性、稳定性和安全性的有机联系的构造。

2.0.24 变形缝 deformation joint

防止建筑物在某些因素作用下引起开裂甚至破坏而预留的构造缝。

2.0.25 骑楼 overhang

建筑底层沿街面后退且留出公共人行空间的建筑物。

2.0.26 过街楼 overhead building

跨越道路上空并与两边建筑相连接的建筑物。

2.0.27 建筑物通道 passage

为穿过建筑物而设置的空间。

2.0.28 露台 terrace

设置在屋面、首层地面或雨篷上的供人室外活动的有围护设施的平台。

2.0.29 勒脚 plinth

在房屋外墙接近地面部位设置的饰面保护构造。

2.0.30 台阶 step

联系室内外地坪或同楼层不同标高而设置的阶梯形踏步。

3 计算建筑面积的规定

3.0.1 建筑物的建筑面积应按自然层外墙结构外围水平面积之和计算。结构层高在 2.20m 及以上的,应计算全面积;结构层高在 2.20m 以下的,应计算 1/2 面积。

3.0.2 建筑物内设有局部楼层时,对于局部楼层的二层及以上楼层,有围护结构的应按其围护结构外围水平面积计算,无围护结构的应按其结构底板水平面积计算。结构层高在 2.20m 及以上的,应计算全面积;结构层高在 2.20m 以下的,应计算 1/2 面积。

3.0.3 形成建筑空间的坡屋顶,结构净高在 2.10m 及以上的部位应计算全面积;结构净高在 1.20m 及以上至 2.10m 以下的部位应计算 1/2 面积;结构净高在 1.20m 以下的部位不应计算建筑面积。

3.0.4 场馆看台下的建筑空间,结构净高在 2.10m 及以上的部位应计算全面积;结构净高在 1.20m 及以上至 2.10m 以下的部位应计算 1/2 面积;结构净高在 1.20m 以下的部位不应计算建筑面积。室内单独设置的有围护设施的悬挑看台,应按看台结构底板水平投影面积计算建筑面积。有顶盖无围护结构的场馆看台应按其顶盖水平投影面积的 1/2 计算面积。

3.0.5 地下室、半地下室应按其结构外围水平面积计算。结构层高在 2.20m 及以上的,应计算全面积;结构层高在 2.20m 以下的,应计算 1/2 面积。

3.0.6 出入口外墙外侧坡道有顶盖的部位,应按其外墙结构外围水平面积的 1/2 计算面积。

3.0.7 建筑物架空层及坡地建筑物吊脚架空层,应按其顶板水平投影计算建筑面积。结构层高在 2.20m 及以上的,应计算全面积;结构层高在 2.20m 以下的,应计算 1/2 面积。

3.0.8 建筑物的门厅、大厅按一层计算建筑面积。门厅、大厅内设置的走廊应按其结构底板水平投影面积计算建筑面积。结构层高在 2.20m 及以上的,应计算全面积;结构层高在 2.20m 以下的,应计算 1/2 面积。

3.0.9 建筑物间的架空走廊,有顶盖和围护结构的,应按其围护结构外围水平面积计算全面积;无围护结构、有围护设施的,应按其结构底板水平投影面积计算 1/2 面积。

3.0.10 立体书库、立体仓库、立体车库,有围护结构的,应按其围护结构外围水平面积计算建筑面积;无围护结构、有围护设施的,应按其结构底板水平投影面积计算建筑面积。无结构层的应按一层计算,有结构层的应按其结构层面积分别计算。结构层高在 2.20m 及以上的,应计算全面积;结构层高在 2.20m 以下的,应计算 1/2 面积。

3.0.11 有围护结构的舞台灯光控制室,应按其围护结构外围水平面积计算。结构层高在 2.20m 及以上的,应计算全面积;结构层高在 2.20m 以下的,应计算 1/2 面积。

3.0.12 附属在建筑物外墙的落地橱窗,应按其围护结构外围水平面积计算。结构层高在 2.20m 及以上的,应计算全面积;结构层高在 2.20m 以下的,应计算 1/2 面积。

3.0.13 窗台与室内楼地面高差在 0.45m 以下且结构净高在 2.1m 及以上的凸(飘)窗,应按其围护结构外围水平面积计算 1/2 面积。

3.0.14 有围护设施的室外走廊(挑廊),应按其结构底板水平投影面积计算 1/2 面积;有围护设施(或柱)的檐廊,应按其围护设施(或柱)外围水平面积计算 1/2 面积。

3.0.15 门斗应按其围护结构外围水平面积计算建筑面积。结构层高在 2.20m 及以上的,应计算全面积;结构层高在 2.20m 以下的,应计算 1/2 面积。

3.0.16 门廊应按其顶板水平投影面积的 1/2 计算建筑面积;有柱雨篷应按其结构板水平投影面积的 1/2 计算建筑面积;无柱雨篷的结构外边线至外墙结构外边线的宽度在 2.10m 及以上的,应按雨篷结构板的水平投影面积的 1/2 计算建筑面积。

3.0.17 设在建筑物顶部的、有围护结构的楼梯间、水箱间、电梯机房等,结构层高在 2.20m 及以上的,应计算全面积;结构层高在 2.20m 以下的,应计算 1/2 面积。

3.0.18 围护结构不垂直于水平面的楼层,应按其底板面的外墙外围水平面积计算。结构净高在 2.10m 及以上的部位,应计算全面积;结构净高在 1.20m 及以上至 2.10m 以下的部位,应计算 1/2 面积;结构净高在 1.20m 以下的部位,不应计算建筑面积。

3.0.19 建筑物的室内楼梯、电梯井、提物井、管道井、通风排气竖井、烟道,应并入建筑物的自然层计算建筑面积。有顶盖的采光井应按一层计算建筑面积,结构净高在 2.10m 及以上的,应计算全面积;结构净高在 2.10m 以下的,应计算 1/2 面积。

3.0.20 室外楼梯应并入所依附建筑物自然层,并应按其水平投影面积的 1/2 计算建筑面积。

3.0.21 在主体结构内的阳台,应按其结构外围水平面积计算全面积;在主体结构外的阳台,应按其结构底板水平投影面积计算 1/2 面积。

3.0.22 有顶盖无围护结构的车棚、货棚、站台、加油站、收费站等,应按其顶盖水平投影面积的 1/2 计算建筑面积。

3.0.23 以幕墙作为围护结构的建筑物,应按幕墙外边线计算建筑面积。

3.0.24 建筑物的外墙外保温层,应按其保温材料的水平截面积计算,并计入自然层建筑面积。

3.0.25 与室内相通的变形缝,应按其自然层合并在建筑物建筑面积内计算。对于高低联跨的建筑物,当高低跨内部连通时,其变形缝应计算在低跨面积内。

3.0.26 对于建筑物内的设备层、管道层、避难层等有结构层的楼层,结构层高在 2.20m 及以上的,应计算全面积;结构层高在 2.20m 以下的,应计算 1/2 面积。

3.0.27 下列项目不应计算建筑面积:

1 与建筑物内不相连通的建筑部件;

2 骑楼、过街楼底层的开放公共空间和建筑物通道;

3 舞台及后台悬挂幕布和布景的天桥、挑台等;

4 露台、露天游泳池、花架、屋顶的水箱及装饰性结构构件;

5 建筑物内的操作平台、上料平台、安装箱和罐体的平台;

6 勒脚、附墙柱、垛、台阶、墙面抹灰、装饰面、镶贴块料面层、装饰性幕墙,主体结构外的空调室外机搁板(箱)、构件、配件,挑出宽度在 2.10m 以下的无柱雨篷和顶盖高度达到或超过两个楼层的无柱雨篷;

7 窗台与室内地面高差在 0.45m 以下且结构净高在 2.10m 以下的凸(飘)窗,窗台与室内地面高差在 0.45m 及以上的凸(飘)窗;

8 室外爬梯、室外专用消防钢楼梯;

9 无围护结构的观光电梯;

10 建筑物以外的地下人防通道,独立的烟囱、烟道、地沟、油(水)罐、气柜、水塔、贮油(水)池、贮仓、栈桥等构筑物。

附录三 仿古建筑工程建筑面积计算规定

一、计算建筑面积的范围。

1. 单层建筑不论其出檐层数及高度如何，均按一层计算面积。其中有台明者按台明外围水平面积计算建筑面积。无台明有围护结构的以围护结构水平面积计算建筑面积；围护结构外有檐廊柱的，按檐廊柱外边线水平面积计算建筑面积；围护结构外边线未及构架柱外边线的，按构架柱外边线计算建筑面积；无围护结构的按构架柱外边线计算面积。

2. 有楼层分界的两层或多层建筑，不论其出檐层数如何，按自然结构楼层的分层水平面积总和计算建筑面积。其首层的建筑面积计算方法分有、无台明两种，按上述单层建筑物的建筑面积计算方法计算；二层及二层以上各层建筑面积计算方法，按上述单层无台明建筑的建筑面积计算方法执行。

3. 单层建筑中或多层建筑的两自然结构楼层间局部有楼层者，按其水平投影面积计算建筑面积。

4. 碉楼式建筑物的碉台内无楼层分界的按一层计算建筑面积，碉台内有楼层分界的分层累计计算建筑面积。单层碉台及多层碉台的首层有台明的按台明外围水平面积计算建筑面积，无台明的按围护结构底面外围水平面积计算建筑面积。多层碉台的二层及二层以上均按各层围护结构底面外围水平面积计算建筑面积。

5. 两层或多层建筑构架柱外，有围护装修或围栏的挑台部分，按构架柱外边线至挑台外围线间水平投影面积的 1/2 计算建筑面积。

6. 坡地建筑、临水建筑或跨越水面建筑的首层构架柱外有围栏的挑台部分，按构架柱外边线至挑台外围线间的水平投影面积的 1/2 计算建筑面积。

二、不计算建筑面积的范围。

1. 单层或多层建筑中的无柱门罩、窗罩、雨篷、挑檐、无围护的挑台、台阶等。

2. 无台明建筑或多层建筑的二层或二层以上突出墙面或构架柱外边线以外的部分，如墀头、垛、窗罩等。

3. 牌楼、实心或半实心的砖、石塔。

4. 构筑物：如月台、环丘台、城台、院墙及随墙门、花架等。

5. 碉台的平台。

附录四 人工、材料(半成品)、机械台班单价取定表

序号	名称	规格	单位	定额价
1	一类人工	—	工日	125
2	二类人工	—	工日	135
3	三类人工	—	工日	155
4	钢筋	综合	kg	3.04
5	钢丝绳	ϕ12	kg	6.45
6	扁钢	Q235B 综合	t	3 957
7	角钢	Q235B 综合	t	3 966
8	铜丝	—	kg	58.45
9	铁件	—	kg	3.71
10	钨钢头	—	kg	431
11	草袋	—	个	3.62
12	草袋	—	m^2	3.62
13	草绳	—	kg	1.12
14	圆钉	—	kg	4.74
15	电焊条	—	kg	4.31
16	焊丝	ϕ3.2	kg	10.78
17	木砂纸	—	张	1.03
18	砂轮片	ϕ200	片	10.34
19	镀锌铁丝	22#	kg	6.55
20	镀锌铁丝网	$\phi10\times10\times0.9$	m^2	15.95
21	普通硅酸盐水泥	P·O 42.5 综合	t	346
22	普通硅酸盐水泥	P·O 42.5 综合	kg	0.34
23	普通硅酸盐水泥	P·O 52.5 综合	kg	0.39
24	白色硅酸盐水泥	32.5# 二级白度	kg	0.53
25	白色硅酸盐水泥	42.5# 二级白度	kg	0.59
26	黄砂	净砂(中粗砂)	t	102
27	山砂	综合	t	26.21
28	沥青碎石	—	t	330
29	卵石	综合	t	52.33
30	碎石	5~15	t	102
31	碎石	5~25	t	102
32	园林用卵石	分色	t	238
33	大白粉	—	kg	0.34
34	生石灰	—	kg	0.3
35	石膏粉	—	kg	0.68

续表

序号	名称	规格	单位	定额价
36	羧甲基纤维素	—	kg	13.14
37	块石	—	t	77.67
38	毛石	综合	m^3	40.78
39	条石	—	m^3	307
40	条石	100×300	m	9.2
41	标准砖	240×115×53	块	0.39
42	蒸压灰砂砖	240×115×53	千块	371
43	小青瓦	180×(170~180)	千张	560
44	小青瓦	200×130	千块	862
45	小青瓦	200×(180~200)	千张	1 129
46	预制混凝土板	—	m^3	336
47	干混砌筑砂浆	DM M5.0	kg	0.24
48	细粒式沥青混凝土	—	m^3	888
49	木材(成材)	—	m^3	2 802
50	杉板枋材	—	m^3	1 625
51	毛竹	毛竹 1.7m 起围径 27cm	根	25.86
52	平板玻璃	δ3	m^2	15.52
53	墙面砖	240×60	m^2	46.55
54	地砖	300×300	m^2	44.83
55	陶瓷锦砖	—	m^2	15.6
56	大理石板	—	m^2	119
57	花岗岩	500×400×80	m^2	356
58	花岗岩板	—	m^2	159
59	湖石	—	t	155
60	蘑菇石	—	m^3	1 034
61	PVC 塑料平开窗	—	m^2	371
62	氟碳漆腻子	—	kg	2.16
63	环氧富锌	底漆	kg	13.79
64	环氧沥青漆	—	kg	12.07
65	乳胶漆	—	kg	15.52
66	调和漆	—	kg	11.21
67	油灰	—	kg	1.19
68	高级丙烯酸外墙涂料	无光	kg	13.79
69	普通内墙涂料	803 型	kg	1.03

续表

序号	名称	规格	单位	定额价
70	防锈漆	—	kg	14.05
71	红丹防锈漆	—	kg	6.9
72	木地板漆	—	kg	11.72
73	PG 道路封缝胶	—	kg	21.29
74	防水粉	—	kg	6.64
75	防腐油	—	kg	1.28
76	清油	—	kg	14.22
77	溶剂	—	kg	1.79
78	色粉	—	kg	3.19
79	熟桐油	—	kg	11.17
80	松香水	—	kg	4.74
81	稀释剂	—	kg	12.07
82	溶剂油	—	kg	2.29
83	柴油	—	kg	5.09
84	煤油	—	kg	3.79
85	汽油	综合	kg	6.12
86	草酸	—	kg	3.88
87	氟碳保护剂	—	kg	3.02
88	LDA 增强剂	—	kg	8.62
89	药剂	—	kg	25.86
90	硬石蜡	—	kg	3.95
91	二氧化碳气体	—	m^3	1.03
92	107 胶	—	kg	1.72
93	UPVC 双壁波纹排水管	*DN*150	m	17.24
94	橡胶管	综合	m	10.34
95	焊接钢管	ϕ600 以内	t	3 879
96	方砖	430×430×50	百块	1 988
97	方砖	400×400×50	百块	1 988
98	蝴蝶瓦大号滴水	—	百张	308
99	蝴蝶瓦大号花边	—	百张	308
100	肥料	—	kg	0.25
101	钢钎	—	kg	5.86
102	泡沫条	ϕ8	m	0.28
103	焦炭	—	kg	0.71

续表

序号	名称	规格	单位	定额价
104	水	—	m^3	4.27
105	风镐凿子	—	根	4.31
106	广场砖	综合	m^2	44.66
107	设备材料费	—	元	1
108	其他材料费	—	元	1
109	预拌细石混凝土	C20	m^3	391
110	防腐木	—	m^3	2 155
111	大扫帚	—	把	7.77
112	垃圾袋	—	只	0.08
113	地板刷	—	把	20.71
114	垃圾夹	—	把	10.36
115	铁锹	—	把	18.64
116	畚箕	—	只	11.39
117	抹布	—	条	4.14
118	长柄刷	—	把	15.53
119	小扫帚	—	把	5.18
120	废纸篓	—	只	5.18
121	塑料水桶	—	只	18.64
122	拖畚	—	把	31.07
123	洁厕精	—	瓶	12.43
124	除草剂	—	瓶	5.7
125	杀虫药水	—	kg	13.81
126	防控药水	—	kg	13.81
127	伤口涂补剂	—	瓶	18.99
128	钢支撑架	—	m^2	45
129	香皂	—	块	5
130	维护材料费	—	元	1
131	黄道砖 150×75×25	—	百块	275
132	材料费(占人工费)	—	%	1
133	能源费用(年费)前三年累计平均费用	—	元	1
134	碎石	5~10 玄武岩	kg	—
135	毛石	—	m^3	—
136	钢桁架	—	t	—
137	地被植物	—	m^2	—

续表

序号	名称	规格	单位	定额价
138	纯水泥浆	—	m^3	430.36
139	水泥砂浆	1:1	m^3	294.2
140	水泥砂浆	1:2	m^3	268.85
141	水泥砂浆	1:2.5	m^3	252.49
142	水泥砂浆	1:3	m^3	238.1
143	水泥砂浆	M5.0	m^3	212.41
144	水泥砂浆	M10.0	m^3	222.61
145	混合砂浆	M5.0	m^3	227.82
146	石灰砂浆	1:3	m^3	236.24
147	纸筋灰浆	—	m^3	331.19
148	现浇现拌混凝土	C15(20)	m^3	287.78
149	现浇现拌混凝土	C20(16)	m^3	296
150	现浇现拌混凝土	C25(16)	m^3	308.88
151	钢轮内燃压路机	6t	台班	307.86
152	汽车式起重机	8t	台班	648.48
153	汽车式起重机	10t	台班	709.76
154	汽车式起重机	16t	台班	875.04
155	汽车式起重机	20t	台班	942.85
156	载货汽车	2t	台班	305.93
157	载货汽车	4t	台班	369.21
158	机动翻斗车	1t	台班	197.36
159	洒水车	4 000L	台班	428.87
160	电动卷扬机 - 单筒快速	5kN	台班	157.6
161	电动卷扬机 - 单筒快速	10kN	台班	172.88
162	平台作业升降车	9m	台班	259.85
163	灰浆搅拌机	400L	台班	161.27
164	木工平刨床	500mm	台班	21.04
165	交流弧焊机	32kV · A	台班	92.84
166	二氧化碳气体保护焊机	500A	台班	132.92
167	电动空气压缩机	$6m^3/min$	台班	224.45
168	混凝土振捣器	平板式	台班	12.54
169	混凝土振捣器	插入式	台班	4.65
170	汽车式起重机	5t	台班	366.47
171	草坪剪草机	—	台班	13.39

续表

序号	名称	规格	单位	定额价
172	油锯	—	台班	8
173	林木粉碎机	—	台班	246. 35
174	小车	—	辆	302. 05
175	维护费	—	元	1

附录五　浙江省建设工程造价管理办法

(2012年4月2日浙江省人民政府令第296号公布,根据2019年8月2日浙江省人民政府令第378号公布的《浙江省人民政府关于修改〈浙江省城市建设档案管理办法〉等5件规章的决定》修正)

第一章　总　　则

第一条　为了科学、合理确定建设工程造价,规范建设工程造价行为,促进建设市场健康发展,根据《中华人民共和国建筑法》等有关法律、法规规定,结合本省实际,制定本办法。

第二条　本省行政区域内建设工程造价活动以及建设工程指导性计价依据的制定、修订和发布,适用本办法。

交通、水利、电力等专业建设工程造价活动以及指导性计价依据的制定、修订和发布,依照国家有关规定执行;国家没有规定的,参照本办法执行。

第三条　县级以上人民政府应当建立健全建设工程造价管理制度,完善监督管理机制,保障相关经费投入,督促有关部门和机构依法做好建设工程造价管理工作。

第四条　县级以上人民政府住房和城乡建设主管部门或者人民政府确定的其他部门(以下统称建设工程造价主管部门)负责本行政区域内建设工程造价管理工作。建设工程造价主管部门所属的建设工程造价管理机构负责造价管理的具体事务工作。

交通、水利、电力等专业建设工程的造价主管部门(以下简称专业建设工程造价主管部门)依照国家和本办法规定职责,负责专业建设工程造价活动的有关管理工作。

发展和改革、财政、审计、市场监督管理、国有资产监督管理等有关部门和机构依照各自职责,负责建设工程造价的相关管理或者监督工作。

第五条　建设工程造价活动应当遵循合法、客观、公正、独立和诚实信用的原则,维护社会公共利益。

第六条　建设工程造价行业协会应当加强行业自律,发挥行业指导、服务和协调作用。

第二章　指导性计价依据

第七条　建设工程造价主管部门应当建立指导性计价依据动态管理机制和市场调研机制,适时调整指导性计价依据和相关管理措施,科学引导建设工程造价活动。

第八条　编制或者修订建设工程指导性计价依据,应当采取论证会、座谈会或者其他方式,征求并充分听取工程建设各方以及有关专家的意见。

编制或者修订建设工程指导性计价依据,应当与经济社会发展和工程技术发展水平相适应,反映建筑业的技术和管理水平,促进工程建设领域科学技术成果的推广和应用,符合国家有关标准要求。

第九条　工程定额由省建设工程造价管理机构负责编制与修订,报省建设工程造价主管部门会同同级发展和改革、财政主管部门审定后颁布。

工程定额由省建设工程造价管理机构负责解释;必要时,提请颁布部门予以解释。

第十条　为处理建设工程实施过程中遇到的特殊情况,需要对工程定额予以补充的,由省建设工程造价管理机构组织编制、发布补充定额,并报有关审定部门备案。

第十一条　因建设工程设计、施工的特殊性,已编制的工程定额缺少对应内容的,施工企业可以与建设单位协商编制一次性补充定额。一次性补充定额仅适用于本建设工程。

第十二条　建设工程造价主管部门应当建立建设工程造价基础数据库以及市场价格监测和预警机制,定期采集、测算、发布建设工程价格要素市场信息价和指数、指标等相关信息,利用大数据等手段开展建设工程造价信息监测。

第十三条 鼓励开发和应用建设工程造价软件和辅助管理系统。

软件开发单位开发和销售的建设工程造价软件应当符合国家和本省有关规定。

第三章 工 程 造 价

第十四条 建设工程造价遵循投资估算控制设计概算、设计概算控制施工图预算、施工图预算控制工程结算的原则,实施全过程管理。

建设工程投资估算、设计概算和施工图预算的编制,按照国家和省有关规定执行。

第十五条 建设单位与施工企业应当按照指导性计价依据和国家、省有关规定,在建设工程施工合同中约定建设工程造价。实行招标投标的建设工程,其造价的约定应当遵守招标投标法律、法规和规章的规定。

第十六条 国有投资建设工程应当采用工程量清单计价。工程量清单应当根据施工图编制,不得作假。

非国有投资建设工程提倡采用工程量清单计价。

第十七条 国有投资建设工程实行招标的,建设单位应当组织编制招标控制价。招标控制价是建设工程招标中限定的最高工程造价。

招标投标综合管理部门应当将招标控制价相关材料与建设工程造价主管部门共享。

第十八条 建设工程安全防护和文明施工措施费用的计提、支付及使用管理,按照国家有关规定执行。有关监督管理部门应当加强监督。

第十九条 工程价款结算,按照建设工程施工合同约定和相关法律、法规、规章的规定办理。

能够实行分段即时结算的建设工程,建设单位应当按照工程进度实行分段即时结算。

建设单位应当在收到工程结算文件后的约定期限内进行审核,并予以答复。对工程结算答复期限没有约定或者约定不明确的,具体期限按 28 个工作日确定;建设单位和施工企业双方也可以另行约定期限,但最长不得超过 6 个月。

第二十条 建设单位应当在和施工企业签署工程竣工价款结算书之日起 30 日内向建设工程造价主管部门报送结算信息。

法律、法规、规章规定工程竣工价款结算需要由财政主管部门批准或者认定的,建设单位应当在批准或者认定之日起 30 日内报送结算信息。

第二十一条 建设单位违反建设工程施工合同约定,拒绝、逃避或者拖延支付到期工程价款的,施工企业可以暂停施工,并可以依据建设单位授权代表确认的工程量或者工程价款依法向人民法院申请支付令,要求建设单位支付工程价款。

第二十二条 建设单位和施工企业对建设工程结算价款有争议的,可以向建设工程造价主管部门或者建设工程造价管理机构申请调解;不愿协商、调解,或者协商、调解不成的,可以依法申请仲裁或者提起诉讼。

第四章 工程造价咨询企业和执业人员管理

第二十三条 工程造价咨询企业应当依法取得国家规定的资质,并在其资质等级许可的范围内从事咨询活动。未依法取得国家规定的资质或者超越资质等级许可的范围从事咨询活动的,其出具的工程造价咨询成果文件无效。

工程造价咨询企业依法从事工程造价咨询活动,不受行政区域、行业等限制。

任何单位和个人不得限制或者指定工程造价咨询企业从事本系统、本行业的工程造价咨询活动。

第二十四条 工程造价咨询企业应当与委托单位签订所承接业务的书面合同,并按照合同约定和标准规范、操作规程、执业准则的要求,客观、公正地提供服务,对出具的工程造价咨询成果文件质量负责。

工程造价咨询企业出具的工程造价咨询成果文件应当加盖企业执业印章,具体承担咨询业务的注册造价工程师应当签字并加盖执业印章。

第二十五条 工程造价咨询企业不得有下列行为:

(一)涂改、倒卖、出租、出借资质证书或者以其他形式非法转让资质证书;

(二)超越资质等级承接造价咨询业务;

(三)同时接受招标人和投标人或者两个以上投标人对同一建设工程的造价咨询业务;

(四)使用本企业以外人员的执业印章或者专用章;

(五)转让其所承接的造价咨询业务;

(六)故意抬高或者压低工程造价;

(七)伪造造价数据或者出具虚假造价咨询成果文件;

(八)泄露在咨询服务活动中获取的商业秘密和技术秘密;

(九)以给予回扣、贿赂等方式进行不正当竞争;

(十)法律、法规和规章禁止的其他行为。

第二十六条 工程造价执业人员应当依法取得造价工程师注册证书,按照国家和省有关规定开展执业活动。

第二十七条 工程造价执业人员不得有下列行为:

(一)签署有虚假记载或者误导性陈述的造价成果文件;

(二)在非实际执业单位注册;

(三)以个人名义承接造价业务,允许他人以自己的名义从事造价业务,或者冒用他人的名义签署造价成果文件;

(四)同时在两个或者两个以上单位执业;

(五)涂改、倒卖、出租、出借或者以其他形式非法转让注册证书、执业印章、专用章;

(六)泄露在执业中获取的商业秘密和技术秘密;

(七)法律、法规和规章禁止的其他行为。

第二十八条 工程造价咨询企业应当建立健全质量控制、操作流程、档案管理等管理制度,加强执业人员的业务培训、法制和职业道德教育。

第五章 监 督 检 查

第二十九条 建设工程造价主管部门和有关监督管理部门应当建立信息共享平台,加强信息交流,完善协同监管机制。发现违法行为的,应当依法作出处理。有关单位和个人应当予以配合。

监督检查中获悉的商业秘密和技术秘密,应当予以保密。

第三十条 建设工程造价主管部门应当建立工程造价咨询企业、执业人员的信用档案,并按照国家和省有关规定开展信用评价。

第三十一条 建设工程造价主管部门应当加强对建设工程施工合同履行情况的监督检查,并将监督检查情况和建设工程有关造价信息在本单位的门户网站或者其他媒体上公布,接受社会监督。依法应当保密的建设工程除外。

第三十二条 国有投资建设工程超过国家、省规定的投资额度及标准,擅自增加建设内容,扩大建设规模,低价中标、高价结算,以及不按照建设工程施工合同约定支付工程款的,发展和改革、财政、审计和建设工程造价等有关监督管理部门应当调查核实,并依据各自职责,依法作出处理。

第六章 法 律 责 任

第三十三条 违反本办法规定的行为,法律、法规已有法律责任规定的,从其规定。

第三十四条 违反本办法第十六条第一款规定，国有投资建设工程未采用工程量清单计价的，由建设工程造价主管部门责令限期改正，处1万元以上3万元以下的罚款。

第三十五条 违反本办法第二十条规定，建设单位不按照规定报送工程竣工结算价款信息的，由建设工程造价主管部门责令限期改正；逾期不改正的，处1万元以上3万元以下的罚款。

第三十六条 工程造价咨询企业违反本办法第二十五条第一项至第七项规定的，由建设工程造价主管部门给予警告，没有违法所得的，处1 000元以上1万元以下的罚款；有违法所得的，处违法所得3倍以上但不超过3万元的罚款。

工程造价咨询企业违反本办法第二十五条第八、九项规定的，由市场监督管理部门依照有关规定处理。

第三十七条 建设工程造价执业人员违反本办法第二十七条第一项至第五项规定的，由建设工程造价主管部门给予警告，责令限期改正，没有违法所得的，处1 000元以上1万元以下的罚款；有违法所得的，处违法所得3倍以上但不超过3万元的罚款。

建设工程造价执业人员违反本办法第二十七条第六项规定的，由市场监督管理部门依照有关规定处理。

第三十八条 建设工程造价主管部门、有关监督管理部门和建设工程造价管理机构及其工作人员违反本办法规定，不履行或者不正确履行监督管理职责，造成严重后果的，对直接负责的主管人员和其他直接责任人员，按照管理权限依法依纪追究责任。

第七章 附 则

第三十九条 对违反本办法规定的行为，建设工程造价主管部门、专业建设工程造价主管部门可以依法委托建设工程造价管理机构实施行政处罚。

第四十条 本办法所称建设工程造价，是指建设工程项目从筹建到竣工验收、交付使用期间，因工程建设活动而发生的全部费用。

本办法所称指导性计价依据，是指建设工程各方在建设工程造价活动中所采用的工程定额、补充定额、价格信息等。

本办法所称国有投资建设工程，是指全部使用国有资金（包括国家融资资金）投资，以及国有资金投资占投资总额50%以上，或者虽不足50%但国有投资者实际拥有控股权的建设工程。

第四十一条 本办法自2012年10月1日起施行。2004年4月22日省人民政府发布的《浙江省建设工程造价计价管理办法》同时废止。